MW01705484

numéro trente-sept Cause toujours...

Dossier coordonné par **Sophie Ansart et Philippe Crognier**
(Responsable du Pôle VAE et de la formation CAFDES à l'IRTS Nord-Pas de Calais)
(Directeur de la recherche et de l'évaluation à La Sauvegarde du Nord)

janvier mai septembre

2009 2010 2011 **2012** 2013

le sociographe

recherches en travail social

Revue publiée par l'Institut régional du travail social (IRTS) du Languedoc-Roussillon, associée avec BUC Ressources (Yvelines), l'EESTS du Nord-Pas de Calais, l'ESTES Strasbourg, le GIRFAS Bretagne, l'IREIS Rhône-Alpes, les IRTS de Basse-Normandie, de Champagne-Ardenne, de Ile-de-France Montrouge Neuilly-sur-Marne, du Nord-Pas de Calais, de PACA et Corse, de Poitou-Charentes et de la Réunion, et de l'ISSSP (Portugal). En partenariat avec la Sauvegarde du Nord.

Le sociographe. 1011, rue du pont de Lavérune. CS 70022. 34077 Montpellier cedex 3
Tel : 04 67 07 82 73 / E-mail : lesociographe@irts-lr.fr / **www.lesociographe.org**

le sociographe — recherches en travail social

Numéro ISSN : 1297 - 6628
Numéro ISBN : 978-2-918621-08-9
Dépôt légal : janvier 2012

La responsabilité des articles incombe à leurs auteurs.

Remerciements à Eric Lemaire pour sa participation graphique

Directeur de publication > Jacques Fraisse

Rédacteur en chef > Guy-Noël Pasquet

Secrétaire de rédaction et **concepteur graphique >** Marc Trigueros

Suivi des ventes > Yan Fontaine

Impression > Présence graphique (37, Monts) - N° d'imprimeur : 121140539

Diffusion et distribution en librairie > Champ social / Pollen

Editorial

Parler pour ne rien dire... enfin !

Il est de bon ton que ceux qui n'ont rien à dire doivent se taire. Ou le devraient-ils parce qu'ils n'ont rien à dire ?

Ils jacassent, glosent, bavardent, devisent, papotent, blablatent, caquètent, jactent, jaspinent ou encore si nous étions en Belgique, ils babelent, ou au Québec, ils placotent. Toutes ces paroles pour ne rien dire. Toute cette salive gaspillée pour ne rien dire. Toute cette énergie, toute ce brouhaha pour au bout du compte ne rien dire. Beaucoup de bruit pour rien en quelque sorte...

Le langage devrait-il toujours servir à dire quelque chose ? Sommes-nous sûrs dès lors que nous disons toujours quelque chose lorsque nous parlons ? Que dire alors de ces formes de langage comme la poésie dadaïste par exemple ? Ou encore de ces chansons dans une langue inconnue ? De la musique même ? De ces petites paroles de la vie qui ne disent rien : « ça va ? », « il fait beau aujourd'hui ». Sommes-nous sûrs de vraiment considérer la santé de la personne à laquelle on s'adresse ? Que dire des interjections, des accents, des formes verbales ? Tout cela serait-il un parasitage du message ?

On peut en effet s'accorder sur les multiples façons de n'avoir rien à dire, même lorsqu'on veut dire quelque chose. On rate le message, l'adresse, et la personne à laquelle on parle ne comprend rien. Dans une telle situation, qui ne comprend pas ? Celui qui s'exprime ou celui qui écoute ? Où se trouve le parasite ? Quand bien même c'est le locuteur qui émet les parasites avec des « euh » par exemple, est-ce de son initiative seule ou est-ce induit par celui qui écoute ? Qui produit le parlé ? Celui qui parle ou celui qui écoute ? Est-ce parce que quelqu'un écoute qu'on parle ou est-ce parce qu'on parle que quelqu'un écoute ?

Quand on est dans ces questions, on voit bien qu'au-delà du message, le fait même de parler n'est pas rien. « Le langage communique l'essence linguistique des choses. Mais, de cette essence, la manifestation la plus claire est le langage même. À la question : *que* communique le *langage* ? il faut donc répondre : *tout langage se communique lui-même* » (1).

Toutefois, comme nous le suggère notre reportage photo, qu'en est-il lorsqu'on parle avec les mains ? Lorsqu'on parle avec les gestes ? Et cela n'est pas réservé uniquement à ceux qui parlent le langage des signes. Le langage parfois se traduit en gestes. « Faire signe », ou « faire un signe », dans cette tension métonymique de « faire un mot », de

« dire un mot ou ne pas dire mot » qui renvoie aux actes de parole. Si le mot peut avoir un emploi exclusif dans le terme « verbaliser », il est pour ainsi dire impossible de « dire un signe ». Le dire n'est pas un signe. La matière sonore n'existe pas comme existe la matière visuelle, ce que l'on voit n'a pas la durée, la consistance et les embarras de ce qu'on entend. Le mot n'est pas non plus un geste. Le rapport du geste avec les organes qui le supportent n'est pas identique au rapport de la voix avec les organes qui la produisent. Le geste joue sur la métonymie là où la voix utilise la métaphore (2). Il y a dans la parole des éléments implicites de gestes, et inversement.

GNP

(1) Walter Benjamin, « Sur la peinture, ou : signe et tâche », in *Œuvres 1*, Paris : Gallimard, 2000, p. 145. Souligné par l'auteur.
(2) Paul Ricœur, *La métaphore vive*, Paris : Seuil, 1975.

Création d'un Comité d'orientation

Au regard des évolutions en cours dans nos secteurs professionnels, celui du travail social tout autant que celui de la formation de ses personnels, *Le sociographe* poursuit depuis plus de 10 ans maintenant son travail éditorial d'écriture d'une « épistémologie du témoignage ». Il nous a semblé important que des personnalités ayant contribué au *Sociographe* et reconnues pour leurs travaux scientifiques, puissent s'associer formellement à nous comme caution des recherches que nous menons.

Il est composé à ce jour de : Jacques Ardoino, Brigitte Bouquet, Robert Castel, Jacques Donzelot, Eugène Enriquez, Claude Javeau, Emmanuel Jovelin, François Laplantine, David Le Breton, Edgar Morin et Jean-Bernard Paturet (cf p. 2).

Qu'ils soient ici vivement remerciés de leurs participation à l'aventure éditoriale du *Sociographe*.

Nouveautés numériques

Le sociographe est désormais en vente sur :

e-book
bouquet numérique
achat à l'article

> **www.cairn.info** : bouquet numérique, achat à l'article
> **www.champsocial.com** : e-book, bouquet numérique

et toujours l'achat en ligne des numéros (version papier)
et le téléchargement gratuit des articles des numéros épuisés sur :
www.lesociographe.org

Voir les offres directement sur les site Internet.

CAUSE TOUJOURS...

Au coeur de la relation

Dossier coordonné par **Sophie Ansart** (sleduc-ansart@irtsnpdc.fr)
et Philippe Crognier (pcrognier@lasauvegardedunord.fr)

Un numéro du *Sociographe* comme celui-ci mérite que l'on prenne la précaution de mettre l'accent sur deux points.

Le premier point concerne la nature de l'objet dont il est question ici. Ainsi, ce numéro du *Sociographe* n'est pas à proprement parler consacré à la *langue* en usage en travail social. En effet, il traduit davantage la *parole* des travailleurs sociaux et celle des bénéficiaires du travail social. Et cela est différent. En référence aux travaux de Ferdinand de Saussure (linguiste suisse, 1857-1913), on peut dire ici que la *langue* est un produit social et qu'elle représente la société, la communauté, le système, alors que la *parole* est l'acte individuel qui réside dans l'exploitation de la langue. Plus précisément, la *parole* désigne l'acte individuel et singulier par lequel s'exerce concrètement la fonction du langage. Comme tout acte, la parole suppose un sujet. Et comme tout acte encore, il peut changer la réalité. La parole n'est donc pas sans conséquences. Elle représente un pouvoir, un moyen pour le sujet d'influencer autrui et de transformer le monde. C'est finalement dans la parole vivante, singulière et directe, que peut s'établir dans la réciprocité une véritable relation, de manière générale, et dans le travail social, en particulier.

Le deuxième point renvoie au fait qu'il ne faut pas considérer que ce numéro consacré à l'oral met en tension « oral » et « écrit » ou encore qu'il vante de manière insidieuse la suprématie du premier sur le second. En ce sens, précisons que l'oral et l'écrit sont deux domaines bien distincts : l'oral est régi par un acte phonatoire accompagné ou non d'un vecteur visuel (le non-verbal), et l'écrit est régi par la production de signes graphiques, c'est-à-dire le visuel et le geste scriptural. L'un et l'autre ont leurs propres fonctions et s'utilisent dans des situations de communication bien déterminées. Le fait que l'on dise souvent, à tort ou à raison d'ailleurs, qu'au plan de la culture professionnelle la parole est plus proche des travailleurs sociaux que ne l'est l'acte scriptural renvoie à un autre débat. Celui-ci apparaîtra d'ailleurs quelquefois en filigrane dans ce numéro.

Ces précisions étant données, signalons maintenant que les articles qui figurent dans ce numéro sont distribués à partir d'une organisation en quatre volets.

Dans le premier volet (« Sur paroles »), trois auteurs présentent leur texte. Didier Morel prend le contrepied de la parole et fait un hymne, une ode au silence. Il montre là de manière philosophique en quoi se taire, finalement, est tout de même une façon

de s'exprimer et aussi une manière d'être. Brigitte Portal s'attache quant à elle à analyser les caractéristiques des propos que les travailleurs sociaux échangent avec les usagers. Lilian Gravière, enfin, s'offusque de voir les étudiants en travail social parfois initiés à une sorte de langue de bois, plus proche du travail prescrit que du travail réel.
Trois autres auteurs apportent leur contribution dans le deuxième volet (« Une éthique de la parole ») de ce numéro. Brigitte Bouquet défend ici ardemment l'idée d'une éthique de la parole associée au « dire vrai et être vrai ». Marcel Jaeger montre que s'il est important de traduire sa pensée par des écrits construits, il reste que la spontanéité qui caractérise la parole demeure également très précieuse en travail social. Joseph Rouzel clôt cette section. Il défend ici l'idée que les relations avec les personnes prises en charge s'engagent avant tout dans et par la parole et que les entretiens menés avec ces personnes nécessitent chez les professionnels formation et compétences.
Le troisième volet (« Paroles de terrain ») rassemble trois contributions. Véronique Bourzat et *al.* montrent tout d'abord comment un Centre d'hébergement et de réinsertion sociale (CHRS) fait vivre un groupe d'expression afin qu'une parole vraie puisse advenir et permettre la réécriture des documents de service. Après avoir rencontré dans un foyer d'hébergement des jeunes filles relevant de l'Aide sociale à l'enfance (ASE), Sophie Ansart et Philippe Crognier commentent ensuite dans leur article les représentations qu'ont ces personnes de la place et de l'incidence de la parole dans la relation d'aide. Bruno Hanse, enfin, tente de montrer dans son article que la parole est un outil qui peut générer le meilleur comme le pire. Il y a en effet, en travail social comme ailleurs, les mots qui apaisent et ceux qui font mal.
Dans la traditionnelle rubrique *Ailleurs*, le lecteur pourra prendre connaissance du texte de Thomas Léonard. Celui-ci met au jour les différents jeux de langage qui se mettent en place lors d'un procès correctionnel et montre comment les niveaux de discours peuvent varier considérablement selon la nature des personnes en présence dans la salle d'audience (prévenu, avocat, juge, famille, ami, complice…).

Au final, les dix contributions qui se retrouvent côte à côte dans ce numéro se rejoignent toutes autour d'un même constat : *la parole est au cœur de la relation avec les personnes prises en charge*. Une partie du voile est donc ici levée sur ce qui s'exprime, ce qui se joue, sur ce qui se noue et se dénoue dans et par le langage oral en travail social.

Sophie Ansart et Philippe Crognier

NB : Rencontre avec les auteurs du numéro le vendredi 16 mars 2012 (cf. Agenda, p. 126)

La parole par le geste (1/8)

Hervé Hôte, notre photographe,
fait « parler » l'image
en nous donnant des photos
de ceux qui parlent avec des gestes.
Emmanuelle Gayet,
interprète professionnelle,
se prête ici à l'exercice
de la langue des signes.

CAUSE TOUJOURS...

1/ Sur paroles

Didier **Morel**

L'ineffable

Ouvrons ces quelques pages en l'honneur du langage :
« On peut mesurer le sérieux d'une philosophie à l'accueil qu'elle réserve au silence. (...) Il s'agit en effet de savoir si, au même titre que la page blanche pour l'écrivain, il n'est qu'un espace neutre au sein duquel nous pouvons déployer nos paroles et nos conversations, ou s'il est plus que cela, s'il ne recèle pas en lui un appel à découvrir en nous-même la possibilité d'exister pleinement et de réaliser notre essence.

> D. Morel est docteur en sciences de l'éducation, formateur, responsable du site Eests de Maubeuge (59), membre du comité de rédaction du *Sociographe*. Mail : dmorel@eests.org

(...) Le silence est nécessairement vécu très différemment en fonction du degré de sagesse que nous avons atteint et, partant, de la richesse que nous sommes capables de découvrir en lui. Ceux qui redoutent le silence n'ont aucune confiance dans la vie de l'esprit ; pour eux l'existence est une perpétuelle fuite en avant (…) » (Philippe Perrot, *in* Lavelle, 2005, pp. 27-28 (1)).

Oral *versus* scriptural ?

Pour réfléchir et transmettre sa pensée, rien ne vaut peut-être, comme ici, l'écrit ; ce qui ne veut pas dire que l'oral serait une forme inférieure du langage. Il est plutôt, dans le travail social comme ailleurs, des formes d'être et de communication, plurielles et différentes selon les circonstances. Et que dire aussi du silence, état apparemment si malaisé dans notre monde de la représentation et du bavardage ? Or, si « la parole et l'écriture sont les deux portes du langage » (Lavelle, 2005, p. 47), il est aussi de merveilleux silences ; le silence pour écouter et entendre ; le silence de celui qui réfléchit et parle juste à propos.

Selon l'éducateur et formateur Joseph Rouzel, « Les éducateurs n'ont pas vraiment pris la mesure de cette double évidence : l'homme est un être parlant et c'est dans un espace de langage que se fait toute rencontre » (2010, p. 93). A l'appui de l'auteur, souhaitons alors que notre rédaction intéressera toute personne curieuse de ce qu'est le langage ; pour reprendre L. Lavelle, retenons déjà que « le langage n'est pas, comme on le croit souvent, le vêtement de la pensée. Il en est le corps véritable » (Lavelle, 2005, p. 52). S'il en est le corps, il n'en est pas l'esprit, comme le dit France Farago : « Faire que le langage serve l'esprit de vérité » (Farago, 1999, p. 176).

Des mots **pour penser**

L'homme est l'animal parlant et le monde « perçu-dit » est sa création. Celui que nous connaissons est constitué des mots que nous possédons. Si l'une des finalités du langage est certes de mettre les êtres en communication, sa fonction essentielle est de permettre la genèse du monde. De même faut-il souligner que la conscience de soi est ancrée dans le langage ; *Je* est aussi un mot, et « il n'y a point de conscience sans langage, c'est-à-dire sans cet écho de soi qui permet le dialogue constant avec soi » (Lavelle, 2005, p. 86).

S'il faut des mots pour penser et réfléchir, plus on en dispose, mieux est-on équipé. Il n'est certes pas uniquement question de quantité ; autant s'alimenter en effet des mots qui nourrissent la pensée. Un corollaire est que l'appauvrissement du vocabulaire réduit la possibilité de réfléchir ; « moins grand est le

---

(1) P. Perrot préface ici *La parole et l'écriture*, du philosophe français L. Lavelle (1883-1951), auteur notamment de *De l'acte* (Aubier, 1937, rééd.1992) et du *Traité des valeurs* (PUF, 1951, rééd.1991).

choix des mots, moins grande est la tentation de réfléchir », note le philosophe Jacques Dewitte en étudiant l'œuvre de Georges Orwell, *1984* (Dewitte, 2007). On peut également retenir que l'idée fondamentale « est celle d'une corrélation entre deux champs : celui du langage et de la pensée, ou plus exactement du dicible et du pensable. Ils sont en relation mutuelle, en ce sens qu'il y a *d'autant plus de capacité à penser* qu'il y a plus de langage et *davantage de ressources linguistiques.* (...) Il y a d'une part l'amplitude de la pensée, et d'autre part l'amplitude du langage. Or, l'objectif du *newspeak* est de réduire l'amplitude de la pensée en réduisant celle des mots. L'adage implicite auquel il correspond est *moins il y aura de langage, moins il y aura aussi de pensée* » (Dewitte, 2007, p. 74). Le *newspeak,* la « novlangue », est la langue officielle d'*Oceania* inventée par G. Orwell dans son roman *1984.* C'est une réduction de la langue destinée à rendre impossible l'expression des idées subversives pour éviter toute critique (et même l'idée de critique) de l'État. En agissant sur la langue, on agit sur la pensée. On pourrait ainsi, à partir du langage autorisé et diffusé, déterminer l'esprit de l'apprenant.

Le langage contribue à former la réalité, il impacte et transforme le réel. Ainsi, « Selon que tu parles telle ou telle langue, c'est telle chose, tel monde et telle nature qui s'ouvrent à toi. Chaque mot que tu prononces transforme le monde dans lequel tu te trouves, te transforme toi-même et te place dans le monde. (...) Lorsque nous parlons, nous ne formulons pas seulement ce qui est de toute façon, mais nous transformons le monde. La langue n'exprime pas seulement des choses et des situations, elle agit sur elles dans le même temps » (Dewitte, 2007, pp. 112, 115). Par exemple, « comme tout langage, la langue nazie était en effet bien plus qu'un langage, c'était un monde – une sensibilité, une mentalité, une attitude, une manière de décrire et de caractériser la réalité, de figurer l'homme et les relations humaines. Celui à qui elle répugnait se rendait compte qu'il ne pouvait pas la parler du bout des lèvres, sans être lui-même touché par le mal qu'elle contenait. Non pas simplement parce qu'elle était sale et répugnante, mais parce qu'elle vous amenait à penser et à sentir d'une certaine manière, faisant de vous un autre homme, aussi longtemps que vous la parliez » (Dewitte, 2007, p. 99). Il faut souligner que « les mots ne sont pas de simples signes extérieurs : en les proférant, on les a à la bouche ; s'ils sont sales, on se salit soi-même. Et il serait illusoire de s'en croire indemne » (Dewitte, 2007, p. 239).

En résumé, « Toute atteinte à la richesse des moyens langagiers entraîne un dommage pour la subtilité de la pensée et du vécu. En réduisant la palette lexicale et la complexité grammaticale, on réduira le champ sémantique et on limitera donc la capacité à penser et à éprouver. Ce principe se laisse formuler sous la forme d'une règle d'or : *plus la langue est pauvre, plus pauvres aussi seront la pensée et la sensibilité.* (...) Cette règle a un corollaire positif : *plus élaborée et diversifiée est la langue dont on dispose, plus précise et subtile sera aussi la manière de penser et de sentir* » (Dewitte, 2007, p. 249). S'il n'est pas dit, à travers ces lignes, que la qualité du langage assure une qualité de la pensée et de la sensibilité, du moins la favorise-t-elle. Le message est clair, par exemple pour tout éducateur : attention aux jeux de vocabulaire (« une personne avec une déficience intellectuelle », et non pas « un déficient intellectuel ») et vigilance envers l'infiltration de « novlangues » dans notre univers social et professionnel. La formation du travailleur social n'est-elle pas au fond l'acquisition progressive d'une langue ?

Les mots sont des concentrés de réalité et ceux que l'on énonce sont en partie nous-mêmes. On ne peut disjoindre pensée, langage, perception et réalité, ni même personnalité ; mais n'allons pas jusqu'à les confondre totalement, comme le signale L. Lavelle : « il y a en effet des dévots du langage pour qui le langage, c'est la pensée, et non point seulement sa forme manifestée » (Lavelle, 2005, p. 71). Ces différentes dimensions ne peuvent être qu'en (grande) partie consubstantielles, sinon comment pourrait encore s'exercer l'esprit critique ?

Il est inutile de rappeler la nécessité du langage pour être et communiquer, et l'oral est précieux en ce sens ; mais est-il une fin en soi ? Certaines personnes parlent beaucoup, et pour ne rien dire ; d'une façon générale, parole et écriture, comme le langage, peut être gaspillé ! « L'utilisation des mots pour eux-mêmes au détriment de l'idée » s'appelle le verbalisme, tandis que la logomachie est « un assemblage de mots creux dans un discours » (*Le Petit Robert,* 2011).

Du bavardage au silence

« Beaucoup de bruit pour rien » ; l'oral peut être l'expression paradoxale du débordement d'un soi vide. Le flot de paroles creuses est le sonar de l'insignifiance. Bavardage, logorrhée, jouissance de s'entendre, psittacisme, l'oral est alors bruit et vent. Le langage n'est parfois qu'au service de soi, un moyen de se valoriser ; à l'affût du moindre signe de reconnaissance, il n'y a que *moi* qui compte. L'oral peut être aussi musique et séduction, comme le chant des sirènes.

Comme certains peuvent être désemparés face à une personne réservée ! « Tu ne parles pas beaucoup en réunion », dit-on à ce collègue ; peut-être est-ce parce qu'il écoute et apprend, qu'il ne parle que juste à propos, ou qu'il pense, ou imagine... (et « la véritable intelligence est silencieuse ; elle écoute, au lieu de parler » (Lavelle, 2005, p. 147)). La réserve ou la discrétion conviennent peu à l'idée du « cadre dynamique en réunion de travail ». Elles peuvent aussi desservir la personne dans sa carrière professionnelle, alors que la réserve et la discrétion correspondent aux mots décence, délicatesse, dignité, prudence, retenue, tact, sobriété, qui sont autant de qualités humaines.

Ou bien encore, il est des moments où l'on se parle peu, simplement parce que l'on est heureux ensemble, réellement présents l'un à l'autre sans qu'il y ait

nécessité permanente d'expulser des sons de la bouche.
Relevons aussi que « le plus bas degré de communication avec autrui est celui où le langage n'est rien de plus qu'une pure information... » (Lavelle, 2005, p. 121). En effet, en quoi la rencontre interpersonnelle ou le commerce idéel se réalisent-ils alors ? On peut se parler en étant absent l'un à l'autre, comme on peut être silencieux, mais attentif et présent.
Il arrive également que nous n'ayons rien à nous dire ; ou que nous préférions nous taire, sachant que sans principes communs, il est difficile de discuter. On peut aussi clore la discussion face à l'esprit de contradiction ; cette disposition à s'opposer sans cesse mine la communication. C'est tout le paradoxe suicidaire du locuteur à l'identité tourmentée : s'opposer pour exister tout en se privant du moyen de l'être ; c'est alors un défi pour l'éducateur, qui doit transcender ces conditions, rencontrer la personne pour lui permettre d'exister.
L'oral peut être éphémère et informe, parfois bien éloigné d'une pensée ; d'autant plus que celui qui parle rapidement n'a pas le temps de réfléchir à ce qu'il dit, comme il est plus facile de parler que de penser ou d'agir. Les amateurs de concision apprécieront ces quelques citations :
Confucius (Chine, vers 500 avant notre ère) : « Le Maître dit : « 'L'Honnête homme est lent à la parole et prompt à l'action'. V.5. Quelqu'un dit : « Ran Yong est vertueux, mais il n'a aucune éloquence ». Le Maître dit : 'A quoi bon l'éloquence ? Ceux qui ont la langue trop bien pendue se créent une foule d'ennemis. J'ignore si Yong est vertueux ; je sais seulement qu'il n'a nul besoin d'éloquence' » (Confucius, 1987, IV.24).
Plutarque (Grèce, vers 100) : « De cette concision, nous devons fournir aux bavards le plus d'exemples possible, pour leur en faire goûter la force et la beauté : ainsi du fameux 'Les Lacédémoniens à Philippe : Denys à Corinthe'. Et Philippe ayant rétorqué : 'Si j'entre dans Lacédémone, je mettrai à sac votre cité', ils lui firent répondre : 'Si' » (Plutarque, 1991, p. 97).

Parole ou écriture, le langage identifie son auteur. Si vous ne me connaissez pas encore, lisez-moi. Certains parlent bien, mais on les attend aussi à l'écrit comme on gratte le vernis pour examiner le support.
Ouvrons cette autre porte du langage, avec J. Rouzel de nouveau : « (…) j'en appelle à l'écriture pour avancer. Je crois vraiment que ce n'est qu'au prix de faire savoir, et chacun à sa façon, chacun avec son style, ce qui nous soutient dans cette profession, ce que nous y faisons, ce que nous y défendons, qu'une avancée est peut-être possible. Ecrire, ça sert à penser, ça produit de la pensée. Dans ce mode de production, je milite pour que l'éducateur fasse flèche de tout bois : poésie, littérature, écrits théoriques, récits de pratique, cinéma, vidéo… » (Rouzel, 2010, p. 98). Il semble qu'on ne puisse se contenter de mots dits, du travail social sur paroles.
L'écriture soutient la formation de la pensée et l'identité. La mise en forme est

en même temps constitution du fond. « C'est en écrivant qu'on voit ce qu'on pense », dit-on à nos étudiants ; mieux, c'est en écrivant que l'on développe sa pensée. L'écrit est une *re*-production de la pensée, comme une photographie que nous pouvons retoucher et améliorer ; ainsi, travailler l'écrit revient à affiner la pensée. L'écrit n'est pas que le reflet de la pensée, il la produit aussi en retour. Karl Popper décrit bien le processus : « La façon dont notre pensée et notre entendement interagissent avec les tentatives de reformulation langagière, et en subissent l'influence ; la manière d'esquisser vaguement d'abord l'idée d'un problème ou d'une théorie, idée qui devient plus claire lorsque nous essayons de la formuler, puis plus claire encore quand nous la mettons par écrit (...) » (Popper, 1997, p. 88).

L'écriture est à la fois production de soi-même et atténuation des affects (au même titre que l'expression orale), comme le note J. Dewitte : « Autrement dit, l'acte même d'écrire modifie son auteur en vertu d'une sorte d'effet thérapeutique qui contribue à le délivrer de cela même qu'il décrit ». Plus loin il ajoute : « Ce recul pris par rapport à la vie modifie partiellement celle-ci et lui confère une autre dimension puisqu'elle devient une 'vie réfléchie', au lieu d'être simplement vécue » (Dewitte, 2007, pp. 151 et 155). Le trajet est celui du sensible vers l'intelligible par la création.

Ecrire est pour l'écrivain un besoin identique à celui de l'artiste, qui se réalise et s'élève par ses créations. On peut « vivre une passion pour l'écrit et la belle phrase sensée ; c'est ainsi montrer la consubstantialité du vrai, du beau et du bien : donner 'de belles pensées', dans tous les sens du terme. L'idéal d'écriture peut être d'allier le vrai (l'exactitude, la précision sémantique), le beau (l'élégance rédactionnelle, le rythme, la fluidité et la sonorité de la phrase, sa *ciselure*), et donc le bien (la justesse du propos, dans le fond et la forme) » (Morel, 2008, p. 50). Loin d'un antagonisme oral/écrit, on remarquera qu'évoquer la sonorité de celui-ci le fait alors coïncider avec celui-là.

Bien davantage donc qu'un système de signes habillant les réalités et permettant d'échanger, le langage est au cœur de l'identité humaine. Plus individuellement, le langage est son auteur, comme je ne peux exprimer que moi-même et ainsi me dévoiler ; j'indique alors mon rapport aux réalités et mon degré d'attention à ce qui est, l'intérêt de vérité.

Louer **le silence**

Il est une aspiration à la valeur, un souci d'authenticité et de profondeur qui incitent à réagir aux utilisations détournées du langage, qui l'éloignent de l'être au point, par exemple, de n'être parfois plus que coquille vide, insignifiance sonore ou graphique.

La parole et l'écriture peuvent se coordonner et s'alimenter chacune, comme on recherche la société ou la solitude selon nos états d'âme. Il est aussi des moments de contemplation ou de communion où l'on savoure le silence qui règne. Comme l'écrit L. Lavelle, « les âmes les plus expansives ont toujours besoin des paroles sans lesquelles il leur semble qu'elles sont enfermées en elles-mêmes comme dans une prison, mais les plus délicates cherchent toujours ce silence sonore qui est une vivante communion avec tout ce qui est » (Lavelle, 2005, p.138). Quelques pages auparavant, l'auteur introduit ainsi son chapitre sur le silence : « Le silence est l'atmosphère de notre esprit. La lumière dissipe la nuit, mais le son traverse le silence, qui le supporte, sans l'abolir. Il est comme l'air où la flèche vole, comme la mer que fend le navire » (Lavelle, 2005, p. 133). Ces paroles évoquent l'*ataraxie* : la quiétude, la tranquillité de l'âme, s'accordant au monde du silence.

Louer le silence ne revient pas à dévaloriser la parole, qui peut au contraire prendre plus de poids ; il est des moments de présence et d'attention à l'autre où par des regards et en peu de mots justes l'essentiel peut être dit. Et c'est dans un certain retrait de soi que l'on peut entendre, comme il faut se taire pour écouter. En termes de présence silencieuse, on peut aussi méditer la comparaison avec l'« ange gardien », avec qui on ne parle pas nécessairement, mais dont on est sûr de la présence bienveillante ; c'est la personne qui nous protège et dont on est assuré de l'infaillible attention qu'elle nous porte.

Il est des moments de présence partagée sans forme décelable de communication, où se joue néanmoins la complicité de l'instant commun ; cette présence « se caractérise par notre capacité d'être dans le présent ; elle inscrit la relation dans l'instant, c'est-à-dire un infini sur lequel le temps et l'espace n'ont pas véritablement prise » (Fischer, 2005, p. 77).

Pour **conclure**

L'itinéraire suivi n'est évidemment pas une suite exhaustive des états du langage et du silence. Il s'agit plutôt d'une démarche soulignant l'importance de la langue, de son utilisation et du choix des mots tant ils signifient notre être au monde. Si l'oral est le mode de langage majoritaire et nécessaire dans nos professions (de fait, dans la relation à l'autre), on ne peut le survaloriser pour autant, comme on ne peut sacraliser le langage, qui demeure, si on le veut, soumis à l'esprit critique. Il est un système de modes d'expression qui sont autant de façons de communiquer, ouvrant plus ou moins à la réflexion, tolérant le retrait ou le silence et la solitude assumée, recherchée ●

Bibliographie

Baraquin N. et al., *Dictionnaire de philosophie*, Paris : Armand Colin, 2000

Confucius, *Les entretiens*, Paris : Gallimard, 1987

Dewitte J., *Le pouvoir de la langue et la liberté de l'esprit*, Paris : Michalon, 2007

Farago F., *Le langage*, Paris : Armand Colin, 1999

Fischer G.-N., *La trace de l'autre*, Paris : O. Jacob, 2005

Lavelle L., *La parole et l'écriture*, Paris : Félin, 2005

Le Petit Robert, 2011

Morel D., *Une formation humaniste ; éléments de formation fondamentale des éducateurs*, Villeneuve d'Ascq : Presses Universitaires du Septentrion, 2008

Plutarque, *La conscience tranquille*, Paris : Arléa, 1991

Popper K., *Toute vie est résolution de problème*, Arles : Actes Sud, 1997

Rouzel J., *L'acte éducatif*, Toulouse : Erès, 2010

La parole par le geste (2/8)

Brigitte **Portal**

Des mots et des sens

Posture, positionnement, évaluation...

Les mots que nous employons en tant qu'intervenants sociaux sont essentiels : que ce soit entre nous, collègues ou pairs, avec des interlocuteurs qui ont une autre culture professionnelle (notamment les élus) et enfin avec les personnes dans la relation d'aide.
Les échanges entre ces différents acteurs ne sont pas toujours très clairs ni constructifs : on assiste à des « dialogues de sourds » ou à des monologues, souvent parce que nous ne prenons pas le temps de définir

> B. Portal est assistante sociale de formation, titulaire d'un Dess « Conception et conduite de projets en développement social ». Actuellement formatrice en travail social (34). Mail : brigitteportal@orange.fr

précisément et concrètement ce que recouvrent pour chacun de nous certaines notions. Autrement dit, si le langage est potentiellement créateur de possibles, il est souvent source d'impossible ou d'impasse, que ce soit dans la communication ou dans l'action.
Le temps passé à l'explicitation du point de vue de chacun est nécessaire afin d'envisager une communication qui fonctionne et donc une action pertinente. Ce temps de la parole échangée est garante d'une langue qui bouge et qui est vivante.
En tant que formatrice et assistante sociale (1), je me suis rendu compte qu'il est essentiel de consacrer du temps à la définition des mots qui nous éclairent dans notre intervention et dans la transmission du métier. D'ailleurs, ce n'est pas un hasard si en 1990 j'ai démarré des études en sciences du langage puis à partir de 1993 co-animé un atelier d'écriture.
Plus tard, j'ai eu la chance de bénéficier d'une formation à l'approche centrée sur le Développement du pouvoir d'agir (DPA) qui m'a conduite à interroger quelques évidences sur le sens des mots.

Un jargon professionnel à clarifier

Nous proposons de nous intéresser aux mots venus du terrain et nous nous appuyons sur l'exemple de la notion de « posture ». Si celle-ci culmine dans l'usage oral en cours, qu'en est-il du « positionnement » ? On peut remarquer que ces deux termes sont régulièrement pris l'un pour l'autre dans les discours professionnels. On peut se demander s'il existe une différence entre eux d'autant qu'ils sont souvent mis côte à côte dans nos paroles.
Notons que la notion de « posture » est apparue plus tardivement que celle de « positionnement professionnel », mais qu'elle a envahi littéralement le jargon du champ social depuis.

Au sujet du positionnement

Premier éclairage de cette notion avec la définition de C. de Robertis : le positionnement est « la manière dont le travailleur social se situe en tension à l'intérieur des pôles constitutifs de son intervention :
- le cadre législatif des politiques publiques,
- l'institution employeur, ses missions,
- l'usager,
- les valeurs, la déontologie professionnelle» (De Robertis, 2008, p. 9).

Deuxième éclairage avec la définition de Rachel Chamla : « le positionnement professionnel est un processus de construction qui permet de se positionner mais aussi d'être positionné dans un environnement défini » (Chamla, 2010,

(1) J'ai travaillé jusqu'en 2008 dans le cadre du Plan départemental du Gard au sein d'une artothèque.

p 70). Le positionnement apparaît comme un cadre professionnel de référence pour l'intervenant à la recherche d'un choix entre des forces en tension, convergentes ou divergentes. Le professionnel est tenu de se situer par rapport à un cadre institutionnel, des missions, des politiques publiques, un cadre déontologique et éthique, enfin vis-à-vis de l'usager. C'est un processus de réflexion qui conduit à une prise de décision dans une situation particulière et qui répond à la question : « Que dois-je faire dans cette situation ? ». Mais celle-ci est souvent posée par le professionnel de cette manière : « Qu'est ce qui est attendu de moi en tant que travailleur social ? », en privilégiant davantage le point de vue institutionnel que celui de l'usager.

Autour de la posture

Premier éclairage issu de la définition de Jacques Ardoino : « … au sens de position. Il faut y entendre le système d'attitudes et de regards vis-à-vis des partenaires, des situations, des objets dans le cadre des recherches ou des pratiques sociales. » (cité par Chamla, 2010, p. 72).
Deuxième éclairage de Maela Paul : « La posture définit la manière de s'acquitter de sa fonction (ou de tenir son poste). C'est nécessairement un choix personnel relevant de l'éthique. La posture d'accompagnement suppose ajustement et adaptation à la singularité de chacun, accueilli en tant que personne. Elle suppose une compétence à passer d'un registre à un autre. Posture et fonction définissent une manière d'être et de faire dialectiquement liée. Par la fonction se transmettent les visées institutionnelles. Par la posture s'incarnent les valeurs d'un professionnel en relation à autrui » (Paul, 2004, p. 153).
Nous retiendrons que la posture se manifeste dans sa relation individuelle à l'autre. On parle de posture d'alliance, de posture d'accompagnement dans l'intervention sociale.
La posture relèverait davantage d'une attitude, d'une conduite à tenir guidée par des valeurs, que d'une position à occuper ou d'une prise de décision dans une situation donnée. Elle renverrait davantage au « soi professionnel » et même au « soi personnel » (Chamla, 2010, p. 64) en phase avec son histoire et son implication, alors que le positionnement se réfère à d'autres composantes en interaction et en tension au-delà du « soi ».

Le changement de posture

Dans l'intervention sociale, la posture est souvent liée au regard posé sur l'usager et à l'attitude qui en découle. Or, en tant qu'intervenant, nous avons tendance à voir l'autre au travers de ses carences, de ce qui ne va pas et assez logiquement nous sommes amenés à répondre aux manques. D'ailleurs, nous pourrions dire que nous sommes les spécialistes de la réponse, ce phénomène qui s'intensifie avec l'augmentation des dispositifs que nous utilisons et qui proposent un listing de solutions en fonction des probléma-

tiques sociales. De son côté, l'approche centrée sur le DPA favorise un changement de regard du fait d'une plus grande prise en compte du point de vue de la personne. L'intervenant va s'appuyer sur la définition du problème exprimé par celle-ci (c'est-à-dire la façon dont elle parle concrètement du problème). L'intervenant est expert mais il reconnaît la personne également comme un expert (elle a une expérience d'usage). Il va également intégrer ses enjeux, c'est-à-dire ce qui est important pour elle. S'il veut « aider » cette personne, il va lui falloir travailler à partir de comment elle voit son problème et faire avec ses enjeux, même si par ailleurs la définition du problème par l'intervenant est autre et que ses propres enjeux sont différents. Le changement de posture permet d'améliorer sa pratique professionnelle, de bouger les lignes et les limites, de « changer de lunettes »…
L'approche centrée sur le DPA conduit à un changement de posture nécessaire à la relation d'aide. Elle nous aide à écouter les mots des gens, ce qu'ils nous disent et que nous n'entendons pas toujours car nous procédons en permanence à une traduction en langage technique, qui de ce fait nous éloigne de la réalité vécue des personnes. Ces mots ne sont pas les nôtres mais donnent la possibilité de partir de là où en sont les gens et de les accompagner là où ils souhaitent aller.
Si le regard posé sur les autres change et que notre posture s'en trouve décalée, ces autres vont bouger et changer eux-mêmes de posture. De ce développement sur la posture, nous voici entraînés à repenser notre discours.

Les mots **que nous disons**

Des termes qui étaient usités il y a quelques années sont aujourd'hui dépassés. D'autres, à force d'être utilisés à toutes les sauces se vident peu à peu de leur sens.

Effet de modes

Il y a des phénomènes de mode par rapport au vocabulaire de l'intervention sociale. Ainsi, les termes « d'inadaptation » ou « d'inadapté social » ont pratiquement disparu. Il en va de même pour le « client » transformé en « usager » et aussi pour la « gardienne » devenue « assistante maternelle ». Dans cette lignée, « l'insertion » est en phase d'être remplacée par « l'inclusion » sous l'influence des politiques sociales européennes… Certains mots sont usés à force d'avoir trop servi. Ils sonnent creux. Citons par exemple les notions de « participation », « projet », « acteur », « aide », « développement », « citoyenneté », « autonomie »… On sait qu'ils sont « tendance », à la mode, incontournables. Il suffit de les placer au bon moment et au bon endroit et on est assuré de l'effet. Mais attention, ces mots-là fatiguent l'auditoire à la longue, donc il s'agit de passer aux suivants. Par exemple, le « développement durable » qui, à peine débarqué, nous paraît déjà s'épuiser.

Avant lui, il y avait eu « l'aide au développement » et dans un autre registre « le développement personnel ».
Les apprenants en formation paraissent particulièrement consommateurs de ces formules toutes faites, par exemple : « développer une approche globale de la personne », « rendre les personnes autonomes », « créer du lien social »... Dans ses vidéos, Franck Lepage joue de façon humoristique et ironique sur la construction de discours plaqués à partir du tirage au sort d'un ensemble de mots qu'il intègre les uns après les autres dans n'importe quel ordre. Il montre ainsi que ce qui compte dans le paraître, ce n'est pas le sens des mots mais leur présence. Par exemple, le seul fait d'utiliser le mot « solidarité » montre que je suis solidaire, que je porte cette valeur.
Un autre point important : les dégâts causés par certaines formules. Par exemple : « l'usager est au centre du dispositif ». Version cadre territorial « ambitieux » (entendu lors d'une journée d'étude), cela donne « bien sûr, les usagers sont au cœur de nos interventions, bien sûr nous travaillons au bénéfice des gens ».
Plus on répète cette litanie et plus la réalité est souvent contraire, c'est-à-dire que l'usager est à la périphérie et que l'on pense à lui en dernier. Comme le dirait Deleuze (1991), ce sont des « gros concepts » comme il existe des gros mots.

Des mots qui créent la confusion

Dans l'intervention, le terme « évaluation » définit deux étapes du processus d'aide. La première est nommée « diagnostic » ou « évaluation sociale » ou « évaluation diagnostique », la seconde est appelée « évaluation » au sens de « bilan ». Pour nombre de travailleurs sociaux, l'évaluation permet de regarder de façon plus précise une situation. Cela dit, si on se réfère à l'étymologie de ces mots, « diagnostiquer » c'est voir à travers alors qu'évaluer c'est donner de la valeur. En méthodologie de projet, l'évaluation est bien cette phase qui permet d'apprécier l'évolution de la situation. Elle s'élabore notamment en fonction des objectifs fixés.
Par conséquent, il me paraît plus adéquat d'employer « diagnostic » pour caractériser le recueil des données et leur analyse et de conserver le terme « évaluation » pour montrer les changements de l'action et de l'intervention. Cette deuxième définition de l'évaluation me paraît intéressante car elle est largement partagée par d'autres acteurs de l'intervention sociale et des politiques sociales en général.
Toujours concernant les mots que nous utilisons essentiellement entre nous, il y a ceux qui nous servent à désigner les personnes qui bénéficient de notre aide. Et là, ce n'est pas très réjouissant non plus.

Les mots qui obligent

Nous contribuons à imposer une identité à l'autre chaque fois que nous le

désignons par un aspect qui le caractérise. La nomination de l'autre par une catégorie tend à l'enfermer dans une position figée à l'exemple du Rmiste. La personne est réduite à une caractéristique administrative qui lui confère un statut reconnu mais sans reconnaissance. Cette caractéristique insiste sur les carences. De la même façon, quand les gens autour de nous utilisent le terme de « cas sociaux » ou « cas soc' », ils désignent des individus bien différents d'eux. Il existe une frontière entre le « cas soc' » et les autres. Cette frontière est étanche. La formule « c'est un cas » donne la tonalité de l'appréciation portée sur l'autre. La même logique existe dans la phrase : « il est cotorep », pour nommer une personne en situation de handicap.
L'effet produit est proche de la métonymie qui est une figure de style par laquelle la partie nomme le tout. Par ce procédé, on insiste sur un point qui exclut et catégorise les personnes. Une tendance existe également à s'approprier les gens : « les miens, ils sont comme ci ou comme ça » ou « mes dossiers » ; de la même manière qu'une mère fusionne avec son enfant comme dans « il m'a encore fait une rhino ». Si nous signalons que les gens nous appartiennent au travers de nos paroles, qu'en est-il de la place que nous leur laissons en tant que sujets ?
Selon le terme que l'on utilise pour nommer les personnes que nous rencontrons dans le cadre professionnel, leur place n'est pas la même. « Sujet », « personne », « client », « usager », « patient », « assuré », « allocataire », « bénéficiaire », « habitant », « public »… Certaines nominations catégorisent plus que d'autres et font rentrer les personnes dans des cases préconstruites, certainement utiles d'un point de vue administratif et gestionnaire mais beaucoup moins dans une dimension de prise en compte de leur complexité. On voit bien le danger de la mise en abyme du sujet vers une segmentation de son unité, une parcellisation de sa situation. Les personnes sont appréhendées du côté d'un aspect de ce qu'elles sont vis-à-vis du service concerné (Sécu, Caisse d'allocations familiales, hôpital…) mais pas dans un ensemble indivisible qui constitue leur humanité.
Il me semble important dans la mesure du possible d'utiliser le terme de « personnes » qui renvoie à la complexité. L'individu est anonyme, la personne personnalise, marque la différence et la ressemblance vis-à-vis de l'autre personne. Un individu ressemble à un autre individu, une personne est toujours différente d'une autre personne. Elle a la possibilité de se nommer, de parler à la première personne, de se parler en elle-même. L'individu désigne l'être humain en général, la personne désigne l'être humain en particulier dans son intimité, dans son identité et sa culture.
« Personne » vient du latin *persona* qui désigne le masque que portaient les comédiens au théâtre (grec). Le masque permet de représenter un autre personnage que celui qui le porte. D'où l'idée qu'une personne est multiple : elle a plusieurs facettes. Une personne est complexe et appréhendée

dans sa globalité. L'autre idée est que chaque masque raconte une histoire particulière. Chaque personne est une aventure. Enfin, elle évolue, elle change. Une personne est un soi en devenir (l'*ipséité* de Ricœur : une identité en devenir).

A côté des mots qui dominent, il y a ceux qui rejettent.

Les mots qui excluent

Au sujet de l'exclusion, J. Maisondieu (2010) explique que la définition du problème conditionne les solutions à apporter. Or, Le problème est mal posé au départ ; il est posé par les inclus. Ce n'est pas l'exclu qui s'est exclu mais l'exclu qui est exclu. Il n'est pas auteur de son exclusion mais il la subit. On insiste trop sur l'histoire de la personne pour expliquer son exclusion ; l'exclu est rendu responsable de ce qui lui arrive.
L'auteur suggère que dans la recherche en sciences sociales on ne se concentre pas uniquement sur les exclus mais également sur les inclus d'où vient le problème.

Des mots **à interroger et à inventer**

Les multiples discours du champ social se brouillent. Les écarts de discours sont de plus en plus marqués. La profession parle la langue du terrain réservée aux intervenants du fait de la complexité accrue des procédures, des organisations, des politiques sociales et des dispositifs.
Et que dire des usagers qui se perdent dans le dédale des sigles derrière lesquels souvent nous nous abritons, nous les experts de la langue administrative ? Les centres de formation sont les « VRP » des réformes. Ils se sont appropriés le langage des référentiels, pour autant ont-ils réussi la communication autour de ce nouveau langage auprès des sites qualifiants ? Il semblerait que cela ne soit pas tout à fait le cas. Enfin, les étudiants ou apprenants qui se forment ont tendance à utiliser un discours plaqué qu'ils ont du mal à s'approprier et même à interroger. Ils se trouvent pris dans un entre-deux, partagés entre les « mots » qui visent le diplôme d'Etat et ceux qui sont utiles en stage ou dans la pratique. Il y a donc du « pain sur la planche » si l'on veut parler à peu près le même langage.
« Les concepts ne nous attendent pas tout faits, comme des corps célestes. Il n'y a pas de ciel pour les concepts. Ils doivent être inventés, fabriqués ou plutôt créés, et ne seraient rien sans la signature de ceux qui les créent » (Deleuze et Guattari, 1991, p. 11). En reprenant cette idée de construire ensemble les mots qui peuvent nous servir à nous comprendre et comme le suggère P. Ricœur (1990), nous pourrions commencer par nous questionner à leur sujet et interroger les évidences.

Que faire face à nos excès langagiers ? Une manière de réagir aux abus de langage est de s'en moquer publiquement. Je me souviens de cette intervenante prenant la parole lors d'une journée d'étude rassemblant une bonne centaine de personnes et expliquant le jeu auquel elle se livre dans ce genre d'assemblée : repérer les répétitions de mots. Et la voilà qui comptabilise le nombre de fois que l'on a utilisé tel ou tel mot et de se demander quel sens la surreprésentation de certains mots revêt.
Il est temps d'activer nos capacités créatives, de découvrir le plaisir de la langue et peut-être de dialoguer enfin ●

Bibliographie

Chamla R. « A propos de la réforme du DEASS : de l'intervention sociale et de l'expertise sociale », *La revue française de service social*, 236, 2010, pp. 63-76

Deleuze G. et Guattari F., *Qu'est-ce que la philosophie ?*, Paris : Éditions de Minuit, 1991

De Robertis C., Orsoni M., Pascal H., Romagnan M., *L'intervention sociale d'intérêt collectif*, Rennes : Presses de l'EHESP, 2008

Maisondieu J., *La fabrique des exclus*, Paris : Bayard, 2010

Paul M., *L'accompagnement : une posture professionnelle spécifique*, Paris : L'Harmattan, 2004

Ricoeur P., *Soi-même comme un autre*, Paris : Seuil, 1990

Tevanian P. et Tissot S., *Les mots sont importants, 2000/2010*, Paris : Libertalia, 2010

Lilian **Gravière**

Langue de bois ou pragmatisme ?

Esquisse d'analyse du langage de la formation

Engagé depuis près de quatre années dans la formation des travailleurs sociaux, n'étant pas issu du secteur social, mais recruté pour assurer un enseignement disciplinaire en philosophie, nous aimerions ici proposer quelques pistes de réflexion, quant au thème central de la langue ou du langage prôné moins par les travailleurs sociaux que par la formation en travail social telle que reconstruite par l'idéologie des compétences.

> L. Gravière est doctorant en philosophie (Paris I Sorbonne), formateur à l'Itsra (63).
Mail : lilian.graviere@itsra.net

Son but est de promouvoir une éthique *pragmatiste* au sein des centres de formation. On appelle généralement *pragmatisme* en philosophie les postures qui tendent à jauger les différentes conceptions du monde à la valeur de leurs conséquences concrètes et effectives pour la vie humaine. Selon nous, il serait sage que toutes les personnes morales ou physiques chargées de formation dénoncent une dérive possible liée à certaines façons de parler et d'agir à l'heure du vocable des compétences. Notamment celles « dressant » les étudiants à réciter une *langue de bois* à laquelle personne ne croit, sauf peut-être les écoles du travail social et elles seules. Cette langue de bois incarne le décalage entre pratique *prescrite* par les centres de formation et pratique *effective* des travailleurs sociaux. L'idée de cet article part du constat que très souvent la pratique prescrite par le discours des compétences n'existe que dans les paroles, mots, propositions, etc. Afin de clarifier dès à présent le propos qui va suivre, avec lequel le lecteur du secteur social est peut-être peu familier, nous tenons à préciser que pour un certain nombre d'auteurs de la philosophie contemporaine, étudier un langage ou une langue, revient à étudier du même coup un certain mode de pensée et de vision du monde, mais aussi un certain nombre d'actions actuelles ou potentielles cohérentes avec ce langage. Langage, pensée et action sont donc tenus ensemble ; s'intéresser à l'un revient à dire quelque chose des deux autres.

Afin de préciser quelque peu, nous pourrions dire que l'étude du langage pourrait relever de deux types d'enquêtes complémentaires, mais différentes. La première, l'enquête empirique, consisterait à tenter d'enregistrer les paroles, mots, phrases réellement prononcés au sein d'un échantillon finement agencé, de souligner leur régularité ou au contraire leur rareté statistique, définissant de fait une certaine identité par relevé empirique de constantes dans la pratique ainsi observée, en l'occurrence celle du langage de la formation en travail social. Une autre méthode empirique reviendrait à réaliser un nombre réduit d'entretiens individuels avec des formateurs en travail social, dans l'espoir d'en retirer quelques traits communs. Une étude philosophique s'essaierait, de manière moins fastidieuse, de penser cette langue à partir des concepts, notions ou règles qui en structurent la grammaire, pour en comprendre la logique et ainsi en penser la valeur. Le présent article se veut une introduction à ce type de démarche.

Y a-t-il ***un*** langage de la formation en travail social ?

L'esquisse d'enquête grammaticale que nous proposons ici, se contentera de déterminer, sans prétention d'exhaustivité, les structures conceptuelles que révèle le média du langage. Nous proposerons à titre d'exemple deux questions qui paraissent centrales par leur rôle organisateur et régulateur :

Pluralité ou unité des ancrages théoriques ?

La philosophie des sciences contemporaine, depuis l'œuvre fondamentale de Thomas Kuhn, *La structure des révolutions scientifiques*, cherche à discerner les grands *paradigmes* ou modèles de pensée qui organisent la recherche scientifique. L'idée ici est de savoir si l'on peut parler d'un paradigme unifié et cohérent au sein de la formation en travail social que révélerait le langage des centres de formation. On peut à bon droit penser que non. Le discours des centres de formation en travail social semble faire la part belle à l'ensemble des théories ou grandes écoles de pensées qu'ont connues les sciences humaines et sociales au XXème siècle. On retrouve ainsi, par exemple, la présence d'éléments issus de la psychanalyse (le sujet, l'inconscient, etc.), d'éléments issus de différentes écoles de sociologie (la question du lien social côtoie celle de la domination de classe, etc.), de concepts plus difficilement situables sur un repère d'écoles théoriques mais ayant pour eux une certaine actualité ou un effet de mode (« care », « humanitude », etc.). Cette situation s'explique principalement par le parcours et le profil des différents intervenants pédagogiques. Cette pluralité n'est pas en soi condamnable, bien au contraire. On ne peut que se réjouir que les étudiants, à condition de leur fournir un éclairage épistémologique minimal, puissent apprendre à penser leur profession future par le biais de différentes visions du monde. On peut cependant remarquer que les nouveaux diplômes, qui depuis 2004 ont reconstruit l'essentiel des cursus proposés, ne sont pas sans une certaine volonté de clarification et d'unification du soubassement théorique de la formation en travail social. Ainsi, on peut noter une certaine offensive des psychologies anglo-saxonnes (cf. la notion de *compétence*, ou la présence de thématiques comme « technique de gestion des conflits ») et la présence non moins frappante d'un vocabulaire propre aux ressources humaines de l'économie marchande (« projet », « partenariat », « réseau », etc.). Il est bien évidement trop tôt pour savoir si cette volonté d'unification, rarement interrogée, réussira ou non à reconstruire la vision du monde des écoles et des étudiants du secteur social. Au-delà, un constat s'impose, celui de la nécessité d'un travail réflexif des centres de formation sur eux-mêmes, travail pouvant entre autres choses emprunter à l'essai d'analyse métalinguistique tentée ici.

Une intention corporatiste ?

Celle-ci se lit dans l'omniprésence d'un thème, celui de l'*identité professionnelle*. Il est vrai que cette dernière notion peut s'entendre de deux manières très différentes, non sans tension l'une par rapport à l'autre. Une première, issue de la psychologie sociale, réduit l'identité professionnelle d'un métier à la possession par le postulant d'une liste plus ou moins longue de savoir-faire ou de compétences (« savoir gérer un groupe » ; « savoir mener un entretien », etc.). Une seconde lecture insiste davantage sur le sentiment d'attachement à la culture, l'histoire d'une profession et surtout à la défense des intérêts de cette dernière. Autant la première lecture ne paraît pas en soi très dangereuse, autant la seconde pose un problème éthique et politique évident. Les centres de formation ont-ils pour fonction, à leur échelle, d'améliorer l'ensemble des services rendus par le secteur social, ce qui peut passer par une critique des pratiques actuelles, l'abandon de telle ou telle profession ou la création de nouveaux métiers, etc., ou bien sont-ils simplement les relents d'une lutte corporatiste où l'objectif est de défendre les places fortes détenues par telle ou telle profession de ce même secteur ? La seconde réponse semble potentiellement dangereuse tant elle peut favoriser la conservation de réalités contestables et défavoriser l'évolution et l'amélioration des pratiques. De plus, elle peut amener à considérer comme secondaire, par rapport à la survie d'une corporation, l'intérêt pourtant premier des usagers. Pour toutes ces raisons, il nous semble préférable d'abandonner l'expression trop contestable d'*identité professionnelle* et lui préférer celle moins ambiguë de *savoir-faire nécessaires* (1).

Il y aurait bien sûr d'autres structurations à analyser, comme le poids des idéologies politiques ou encore la persistance d'un vocabulaire chrétien. L'enjeu ici était simplement de montrer quelques-uns des aspects actuels du langage de la formation en travail social. Cependant, cette première esquisse pèche par un oubli : avoir omis d'évaluer le langage de la formation.

Une langue **de bois ?**

On appelle « langue de bois », le type de discours tenu par un pouvoir comme seule vérité possible à énoncer, sans pourtant que cette vérité purement verbale n'ait de quelconque réalité. De ce fait, la langue de bois n'a pas forcément de vocation ou de capacité performative, elle n'est qu'un discours idéologique imposé. L'exemple le plus célèbre de ce phénomène reste sans doute la langue usitée par les membres de la bureaucratie soviétique. Langue entièrement constituée de références constantes au « pouvoir des masses ouvrières », à « l'amélioration du niveau de vie » de ces dernières, à la « liberté », à « l'égalité », etc., alors que la réalité soviétique était, sur bien des points, contraire à la vision que supposaient ces déclarations. Quiconque contestait ce discours, avec de bonnes raisons de le faire, se retrouvait accusé de sacrilège et puni en conséquence.

Généralement, ce type de discours induit deux types d'attitudes psychologiques. Au-delà d'un fanatisme et d'une témérité toujours présents, le fanatisme de celui qui adhère à cela et la témérité souvent imprudente de celui qui

(1) Mais non suffisants.

l'attaque frontalement, les réactions les plus répandues sont soit de développer un certain *cynisme* (faire semblant d'adhérer au discours et donner tous les gages extérieurs d'adhésion attendus par les tenants de ce même discours), soit de le tourner en ridicule par l'humour et l'*ironie*. On sait à quel point les citoyens soviétiques passaient aisément de l'un à l'autre, du cynisme à l'ironie.

La formation en travail social est-elle menacée de ressembler à une petite URSS ? Cela n'est pas improbable. Pourquoi ? Parce que les discours, les paroles qui s'y tiennent recèlent une certaine logique pouvant peu à peu se cristalliser en une authentique langue de bois, il est vrai moins dangereuse que ne l'était la langue de bois soviétique. Personne n'est ici menacé de déportation ou d'internement en hôpital psychiatrique (2).

Comment cette langue de bois peut-elle se développer ? Par l'adoption d'une vision étroite du rôle des centres de formation issue d'une lecture myope du discours des compétences. Une lecture myope repose tant sur la sacralisation du langage des compétences, on ne peut plus alors lui adresser la moindre critique, que sur la croyance d'une vérification directe de l'acquisition des compétences par l'étudiant comme finalité du centre de formation. Une double limitation, pourrait-on dire, de son esprit et de sa mission. Il s'agira ici d'étudier quelques-uns des aspects problématiques de cette double limitation.

Lorsque le langage des compétences est lu de manière myope, le discours des centres de formation relève alors d'une langue prescrite. Le centre de formation, par son pouvoir normatif, *prescrit* un ensemble de concepts, de notions, de références, d'habitudes linguistiques, de croyances, etc. Ainsi, l'étudiant en travail social se doit-il de posséder quelques *discours* sur la distance professionnelle entre lui et l'usager, de savoir *citer* tel ou tel manuel ou ouvrage de littérature de seconde main, d'apprendre à *dire* qu'il est moralement inacceptable d'être violent ou brutal envers une personne fragilisée, d'être capable de posséder une méthodologie de projet l'amenant à distinguer objectifs intermédiaires et finalités, et ce sans pour autant avoir réalisé de véritables projets. Il ne s'agit pas ici de remettre en cause la valeur de ces apports, simplement de douter de leur réel ancrage dans la pratique de l'étudiant qui pourtant se dresse autant qu'il est dressé à les *réciter* avec succès dans les espaces où ils sont socialement attendus, comme les oraux de certification, les visites de stage, les cours, etc., bref ! l'ensemble des situations où l'étudiant s'entretient de sa pratique avec les instances normatives que sont les formateurs ou enseignants de centres de formations, les jurys d'examen, etc. Cette langue prescrite repose sur un postulat rarement ni clairement énoncé : la possession de cette langue par l'étudiant est la condi-

(2) Encore que quelques étudiants puissent en pâtir….

tion nécessaire et suffisante à l'effectuation de la pratique attendue de lui comme professionnel du secteur social. Il nous semble que ce postulat est hautement contestable.

Par ailleurs, on n'a jamais fini de lister les compétences réellement nécessaires pour pratiquer. Ces compétences changent selon le public ou la structure auprès desquels l'étudiant doit travailler. De plus, ce postulat amène à développer une pratique de formation vide car purement formelle. Elle incite le plus souvent à préférer la méthodologie abstraite et idéale aux contingences de l'action réelle dans les situations particulières réelles. Mais la fragilité de ce postulat va encore plus loin. En effet, la pratique effectivement réalisée, quelle que soit sa distance avec la pratique linguistiquement prescrite, est globalement hors de la portée des centres de formation. Toute vérification directe de l'acquisition de cette pratique étant quasiment impossible pour eux, ils ne peuvent alors s'en remettre qu'à la seule vérification indirecte. Ils ne voient pas l'étudiant concrètement faire montre des savoir-faire auxquels renvoie la langue prescrite. Et ceci n'est pas grave car, au fond, là ne réside pas leur rôle réel. La seule instance légitime pour déterminer si ces savoir-faire sont possédés par l'étudiant reste l'ensemble des terrains de stage ou d'apprentissage où ce dernier s'exercera.

Que le discours officiel de la formation ait été reconstruit autour des concepts de *compétence* et d'*alternance* ne change rien au problème, bien au contraire. On pourrait même ajouter que la distance n'en est qu'accrue. On aboutit à la situation étrange où les étudiants peuvent être entraînés à parler de leur pratique de telle ou telle manière devant l'examinateur ou le formateur, que cela lui permette même l'obtention de son diplôme, sans pour autant que ce discours n'ait une quelconque réalité pratique. Cette situation pourrait inspirer l'écriture d'une délicieuse pièce du théâtre comique, comme ont pu le faire certains opposants soviétiques. Au-delà de l'ironie, elle est relativement dangereuse. Le positionnement éthique de l'étudiant est en soi invérifiable. Ainsi peut-il bien déclarer par ses propos, ses écrits, « vouloir mettre la personne au centre du dispositif », selon une formulation ayant force de loi, ses motivations restent insondables, comme sont insondables les raisons d'agir réelles de tout être humain. Et ceci n'est pas grave. Que faut-il en effet préférer ? Quelqu'un qui ait appris à dire par cœur qu'il agit en « mettant la personne au centre du dispositif » sans que cela soit réellement suivi d'effets ? Ou bien quelqu'un qui ait développé une action améliorant concrètement la prise en charge des usagers ? Il nous semble que ceci pose la question du vrai rôle des centres de formation, qui est moins de transmettre des compétences, que de proposer une lecture éthique de l'action, une lecture appartenant à la classe des éthiques pragmatistes. Au fond, et non sans une délicieuse provocation, nous pourrions ajouter que le centre de formation doit avant tout inciter l'étudiant à agir.

Pour une éthique pragmatiste de la formation en travail social

En philosophie, une telle analyse relève de ce que l'on appelle généralement *scepticisme*, quel que soit le degré de ce dernier. Notre propos est sceptique car nous ne croyons pas qu'un centre de formation puisse vérifier l'acquisition de compétences professionnelles par un étudiant, et encore qu'il s'agisse là de sa mission réelle. L'enjeu final de cet article est de montrer que ce scepticisme n'a rien de problématique si les centres de formation acceptent de développer l'éthique de l'*ironiste libéral* conceptualisée par le philosophe pragmatiste américain Richard Rorty dans son ouvrage *Contingency, irony and solidarity*. Cette éthique affirme qu'il n'est pas essentiel que l'idéologie qui structure notre discours soit *a priori* absolument bonne. Elle affirme que toute éthique est en soi *contingente*, ne peut donc reposer sur aucune fondation ou vérification absolue, mais que les éthiques s'évaluent à leur capacité à améliorer effectivement le monde. L'ironiste libéral de Rorty est alors celui qui sait que son discours n'est pas entièrement vrai ou absolument fondé, qui peut donc y renoncer d'autant plus facilement pour d'autres discours aux résultats pratiques meilleurs. La position que critique Rorty est celle qu'il nomme philosophie de la représentation, celle qui croit que son discours se doit d'offrir l'image la plus vraie possible, la représentation la plus fidèle du réel. Selon Rorty, une telle démarche est vaine. L'important étant de produire des discours qui, par exemple, amélioreront la vie concrète des êtres humains. Cette position relève du *conséquentialisme* en philosophie morale ou politique, école de pensée centrée sur une question simple : « quel est le meilleur état du monde ? » (3), ou encore « en quoi ton action a-t-elle rendu le monde meilleur ? ».

Le contexte de la discussion dans lequel prend place la pensée de Rorty, est celui de la philosophie américaine des années 1970 et 1980, période alors marquée par la domination d'un paradigme positiviste. Pour Rorty, cette doctrine positiviste était devenue tout autant insuffisante qu'étroite et inutile pour la philosophie elle-même. Il appelait donc à son dépassement par le pragmatisme. En quoi la position de Rorty peut-elle intéresser notre débat sur le langage de la formation ? Principalement parce que pour partie le mode de pensée, de langage et d'action, que critiquait Rorty, n'est pas sans quelque ressemblance avec le mode linguistique qui cherche aujourd'hui à s'imposer au sein des centres de formation. Ce mode linguistique est avant tout centré sur le dressage de l'étudiant à dire le discours attendu de lui sur sa pratique, à se centrer sur des savoir-faire dont l'acquisition est pourtant

(3) Elle est à distinguer, sans pour autant l'opposer, à l'école déontologique qui repose sur la célèbre question de Kant « Que dois-je faire ? » et de l'école des vertus, qui elle se demande « quelle genre de personne dois-je devenir ? ».

plus ou moins invérifiable, au lieu de s'intéresser à la seule vraie question : en quoi l'étudiant améliore-t-il réellement la réalité, le fonctionnement, les résultats, etc., du secteur social ? De la même manière que les positivistes incitaient la philosophie à produire un discours vrai sur le réel, dans une quête impossible d'un langage comme copie directe du monde, au lieu de l'inciter à changer réellement le monde, la lecture myope du langage des compétences invite les centres de formation à vouloir vérifier et contrôler que l'étudiant possède bien un certain nombre de compétences, au lieu de savoir ce qu'il fait de ses compétences, c'est-à-dire d'évaluer le résultat de son action. En philosophie, comme dans le travail social, hier et aujourd'hui, on inverse le rapport entre éthique et technique. A l'image de Rorty qui invitait les penseurs américains à modifier leurs façons de parler du monde afin d'agir, il n'est que temps de changer de paradigme langagier au sein de nos écoles, et donc d'en changer le mode d'action. Espérons que les futures HEPAS (Hautes Ecoles Pratiques en Action Sociale) soient l'occasion de ce renouveau ●

Bibliographie

Cometti JP., *Qu'est-ce que le pragmatisme ?*, Paris : Folio, Paris, 2010.

Kuhn T., *La structure des révolutions scientifiques*, Paris : Flammarion, 1983

Ogien R., *L'éthique aujourd'hui*, Paris : Folio, 2007

Rorty R., *Contingency, irony and solidarity*, New-York : Cambridge University Press, 1989

Rorty R., *Conséquences du pragmatisme*, Paris : Seuil, 1993

Ryle G., *La notion d'esprit*, Paris : Payot, 2005

Wittgenstein L., *Recherches philosophiques*, Paris : Gallimard, 2004

La parole par le geste (3/8)

CAUSE TOUJOURS...

2/ Une éthique de la parole

Brigitte **Bouquet**

Parole, quand tu nous tiens...

Le langage oral constitue une des dimensions majeures du travail social, l'échange langagier est un travail social à part entière, à la fois finalité, support interactionnel du lien social, et outil de médiation.
Il s'agit de parler de, avec, aux autres, et la parole est à la fois un constituant, un auxiliaire et le réalisateur en acte de l'action. La parole comporte une rencontre, un échange et permet un accomplissement sur le terrain. Ainsi,

> **B. Bouquet est professeur émérite au CNAM ; a été titulaire de la chaire de travail social et d'intervention sociale du CNAM. Mail : brigitte.bouquet@cnam.fr**

le langage du travailleur social comprend deux faces, son essence propre et son usage instrumental. Car d'une part, l'échange langagier constitue une partie fondamentale du travail social ; d'autre part, la parole se fait langage-action et s'accomplit en discours comme en acte. Réalité incontournable du travail social, la parole est un phénomène complexe aux frontières de l'intime et du social, pris dans des enjeux d'ordres personnel, professionnel, social et culturel.

L'essence de la parole, **l'Etre de la parole**

La force spécifique de la parole, langage incarné de l'homme, ne se résume pas à un acte de simple communication, mais est un ensemble structuré et symbolique qui a deux fonctions principales : l'expression et la communication. Dire, c'est émettre une intention de signification et c'est aussi faire connaître, ce qui renvoie à un contenu. La parole structure la pensée et l'action. Comme le soulignait Henri Wallon (1942 et 1982), le langage est la fonction biologique et sociale supérieure de l'homme, on ne peut pas vraiment distinguer pensée et langage. Pensée et langage ont des liens intimes. La pensée, sous sa forme abstraite d'idée, ne peut se définir indépendamment du langage. Cependant, il ne suffit pas de savoir parler pour savoir penser. « La parole chez celui qui parle ne traduit pas une pensée déjà faite mais l'accomplit » dit Maurice Merleau-Ponty (1992, p. 211) qui ajoute « le sens est pris dans la parole et la parole dans l'existence extérieure du sens » (*ibid.*). Ce qui est en jeu est de savoir raisonner avec des mots, de se porter avec eux dans la sphère du sens, de servir la pensée. Hegel (1969, § 462) l'affirme également : « C'est le son articulé, le mot, qui seul nous offre une existence où l'externe et l'interne sont si intimement unis. Par conséquent, vouloir penser sans les mots, c'est une tentative insensée [...] Ainsi, le mot donne à la pensée son existence la plus haute et la plus vraie ». Martin Heidegger (1981) parlera même d'*Acheminement vers la parole.*

Outre que le langage sert à penser et permet l'expression de la pensée, la parole conduit à l'être car « l'homme a besoin de communiquer avec autrui pour parvenir à la conscience de lui-même » (Watzlawick, 1972, p. 84), elle conduit au sensible, au sens de l'existence, affirme la personne en tant que sujet. L'être et la parole renvoient à l'intimité. Parler, c'est révéler le sens de ce qui, dans le silence de l'être, peut entrer dans le dicible. Le sens existentiel de la parole s'enracine dans une intériorité (le *ego sum* de Descartes suppose un « je » d'énonciation). Ainsi se pose l'alliance de la parole et de l'être.
En suivant Martin Heidegger (1981) qui affirme que l'homme est un être de parole, un être dont l'essence est de parler, on peut dire que si la parole est liée à la conscience de la singularité de chacun, elle témoigne aussi de la capacité de se rapporter au monde extérieur. La parole est fondatrice de la condi-

tion humaine car la parole est au cœur de toutes les relations sociales et permet le rapport au monde.

L'essence de la parole comporte ainsi plusieurs dimensions, notamment parole symbolique, expression de la pensée et parole révélatrice de l'être.

La parole **en acte**

La mise en mot est une objectivation mais dans le travail social, la parole ne peut se contenter de dire. Elle est aussi un dire de réciprocité qui révèle, qui ouvre de nouvelles voies, qui veut transformer ; il s'agit de s'exprimer, faire exprimer et exprimer ensemble. C'est la volonté et la recherche d'une parole authentique et d'une parole réciproque, paroles qui se situent dans une ébauche d'action et qui ouvrent à une parole sociale. Ces compétences langagières doivent faire partie des compétences professionnelles.

Parole authentique et libératrice

Au-delà de la parole technicienne, il s'agit de permettre la parole symbolique et pour cela d'ériger chacun en « sujet parlant », de permettre que le langage fasse un véritable lien. Recevoir la parole de l'autre et parler soi-même nécessitent de faire attention au sens que l'on cherche à donner à ce que l'on dit, au sens qu'on peut donner à ce qu'on entend et au sens réel de ce qui est dit. La parole appelle à aller au-delà du système établi et a se mettre en éveil, à être en écoute sincère, pour permettre une libre expression et la communication des intériorités, la parole « identitaire intime », le sujet singulier.

Parole réciproque

Outre l'importance d'une authenticité, il paraît important de mener la parole dans un processus dynamique de parole réciproque et partagée, dans la dialectique de l'interaction langagière. Cela rejoint Jacques Lacan qui disait « Ce que je cherche dans la parole, c'est la réponse de l'autre » (1966, p. 181), et cela nécessite un échange vivant, un dialogue pluriel, acceptant l'aspect pluridimensionnel et polyphonique, permettant une écoute réciproque et une parole « circulatrice », qui court du dedans au dehors, fait communiquer chacun avec soi-même et avec les autres. Cela demande une communication ouverte permettant d'aborder de façon positive les situations vécues (1). Celle-ci nécessite l'écoute de la parole de l'autre, l'argumentation de chacun, et permet ainsi une entente humaine. La parole réciproque demande d'aller au-delà de la ritualisation des échanges de représentations et introduit le pouvoir partagé de la parole en situation concrète d'intersubjectivité.

---

(1) Voir à ce sujet Habermas, 1992.

Parole de débat, parole sociale

La parole réciproque et partagée favorise le débat. Le débat offre la possibilité de se réapproprier le pouvoir de la parole. Il est un processus permettant l'échange, la compréhension, même si cela requiert de savoir le gérer. Le débat fait sortir du « quant à soi », ouvre à un travail contre les clichés et les préjugés, donne toute sa force de questionnement et de contestation, pouvant aller jusqu'à l'insurrection. Le débat ne supprime pas le conflit, mais il ouvre au dialogue, ouvre à l'autre, favorise l'expression d'une pensée, d'une situation difficile. Le débat permet de lutter contre l'enfermement dogmatique, l'enfermement psychique, l'enfermement social et permet l'expression citoyenne. Il est un des meilleurs remparts pour la démocratie.

« Parlons-en », par exemple, est un espace de débat et de parole avec et pour les précaires, rassemblant aussi des associations et professionnels, des institutions, des élus et des habitants citoyens de la région grenobloise concernés par les problèmes de précarité. L'objectif est de construire, sur des diagnostics partagés, des propositions réalistes de changement des situations vécues par les précaires. « Parlons-en » ne traite pas de cas particuliers mais fait état de dysfonctionnements pour proposer collectivement le changement.

Ainsi, on peut agir avec des mots. L'authenticité de la parole, la réciprocité de la parole et la parole de débat sont des composantes de la parole en acte du travail social. Cependant, ces caractéristiques peuvent rester un idéal, tant il est vrai que la parole peut avoir des usages différents, notamment des usages déviants entraînant des effets négatifs.

Les mésusages de la parole

Il y a en effet parole et parole ! Cela implique de penser à son propre rapport à la parole, à l'usage que l'on en fait, à ses effets. La pratique du « parler » n'est pas forcément celle de permettre la réalisation de l'être, la communication, l'échange. La parole peut être détournée, déviée de ces finalités. C'est ce qu'on observe lorsqu'elle présente les caractéristiques suivantes : creuse, taylorisée et technique, intempestive et inadaptée, dominante et de pouvoir, manipulée et mensongère, violente…

Parole creuse

Les communications orales en situation de travail peuvent être souvent l'effet de routines installées. On énonce alors des mots creux, à caractère flou et fuyant, on fait des monologues juxtaposés ou des dialogues convenus, on a une « langue de bois » (2). C'est oublier que la parole n'est pas un bavardage et permet que l'intelligence s'éveille. Dans la parole creuse, les mots révèlent

---

(2) Les Allemands parlent de langue de béton, les Chinois de langue de plomb, les Cubains du tac-tac…

une banalité, voire cachent le fait de n'avoir rien à dire ou de parler sans penser. Cela va à l'encontre du parler vrai, sincère, clair, net.

Parole taylorisée et technique

Ces paroles privilégient l'approche logique, essentiellement rationnelle et fonctionnelle, recourant à l'impersonnel, presque uniquement soumise à la règle de l'efficacité. Elle est utilisée principalement comme outil de communication technique avec le défaut de comporter une sécheresse, d'avoir des limites relationnelles, de méconnaître la perception de la personne. Liée à la gestion managériale dominante, à l'importance de la performance objectivée et quantifiable, la parole technique qu'on pourrait qualifier de « taylorisée » est loin des valeurs démocratiques, professionnelles, institutionnelles, respectant la personne humaine.

Parole intempestive et inadaptée

Si l'on n'y prend garde, la parole peut être inutile, malvenue, inopportune, hors propos, voire être une « gaffe ». Elle présente une utilisation non pertinente de mots, soit que ces mots ne s'appliquent pas à la situation, soit qu'ils la méconnaissent, la sous-estiment ou encore l'exagèrent. La parole intempestive et inadaptée comporte le risque d'incompréhension mutuelle.

Parole dominante et de pouvoir

Les mots ont une certaine puissance, ils ne sont pas neutres. Le langage est un remarquable pouvoir. La parole occupe une place sociologique (on parle à quelqu'un à partir d'une langue, d'une position de groupe) ; psychologique (on s'adresse à quelqu'un) ; et physique (la parole est aussi une onde physique). Ces capacités peuvent aussi se révéler comme un instrument de pouvoir qui entraîne des rapports de domination (3). Dans ce cas, il y a un usage de la parole comme moyen de pression pour se faire obéir : pouvoir sur la personne, pouvoir des ordres, mots d'ordre…

Parole de manipulation

Toute communication vise à convaincre. Mais amener quelqu'un à faire ce qu'on voudrait le voir faire… pour son bien, séduire, persuader, comporte des éléments de manipulation. Celle-ci apparaît comme une force, une stratégie masquée pour faire avancer et gagner son propos. L'action de la parole est ici disqualifiante et déshonorante (4).

Parole violente

C'est l'expression d'un cri. La parole violente transgresse les normes du

---

(3) Cf. Bourdieu, 1982.
(4) Cf. Bretton, 2004.

discours, fait apparaître une personne révoltée ou en colère et entraîne la peur. La violence aliène la parole et lui ôte toute possibilité d'être libre et libératrice.

Tous ces exemples illustrent les dérives possibles de la parole, la parole malmenée, un univers de maux de parole, loin de ses finalités fondamentales, sociales et éthiques. Outre ces difficultés montrant des mésusages, la parole peut prêter aussi aux paradoxes, aux quiproquos, car les mots trahissent, échappent.

Paradoxes de la parole

La pensée ne se formule pas aisément. Si l'idée est là, la recherche des mots pour l'exprimer n'est pas simple, il est difficile de trouver le mot juste, l'expression exacte. L'expression « le mot sur le bout de la langue » l'illustre bien. Jacques Derrida (2003) nous a montré que la parole ne traduit pas bien la pensée, qu'il y a une dégradation entre la pensée et le mot pour l'exprimer.

Dans le cas de la parole professionnelle, s'ajoute souvent la parole spontanée. La parole professionnelle, de type parole pensée et préparée, est une parole produite par un énonciateur qui en possède la maîtrise, alors que la parole spontanée se situe dans un registre de langage différent et présente une quasi-simultanéité entre la conception du message et sa forme énoncée. Parole dite « naturelle », elle a un fort degré de spontanéité et fait ressentir les émotions, les hésitations, l'ambiguïté. Dire, c'est se vivre au présent. La parole spontanée et le langage ordinaire sont des tentatives de créer un lien social.
En outre, la parole dit souvent plus que ce qu'elle dit mot à mot. « La parole est donc cette opération paradoxale où nous tentons de rejoindre, au moyen de mots dont le sens est donné et de significations déjà disponibles, une intention qui, par principe, va au-delà et se modifie, fixe elle-même en dernière analyse le sens des mots par lesquels elle se traduit » (Merleau-Ponty, 1992, pp. 445-446). De même, Jacques Lacan souligne les « inter-dits », « l'inconscient structuré comme un langage », « L'inconscient actif » de l'homme qui est un « parlêtre » (Lacan, 1966). Ainsi, les mots portent une intentionnalité qui va au-delà d'eux-mêmes.

Enfin, dire et taire ne sont pas deux postures systématiquement antagonistes et il peut y avoir conjugaison de paroles et de silences. Il n'y a pas de parole sans silence ! D'une part « Le silence est nécessaire à la parole, il introduit un espace de respiration, de méditation. Il est le souffle des conversations et leur tempo. Faire silence autorise l'écoute, c'est en silence que l'on écoute. Ecoute et silence sont deux faces complémentaires. D'autre part, « il nous faut être sensible à ces fils de silence dont le tissu de parole est entremêlé » dit Merleau-Ponty (1969, p. 64). Ainsi le silence occupe une place déterminante par sa capacité à porter le sens, s'emploie en quelque sorte à déployer un langage. Silence du tu, du suspendu, du caché ; silence du refoulé, de l'irréalisé, de l'oublié… Le silence n'est pas muet, il porte l'implicite, il peut en dire infiniment plus que la transparence d'un discours.

La parole : sens, art, fonction

Dans le travail social, redisons-le, la parole est inhérente, pose un sens et se caractérise aussi comme une démarche, une mise en acte et un outil.
Les paroles et les mots ont une structure signifiante. Selon Hegel (1969, pp. 195-196) « Nous n'avons conscience de nos pensées, nous n'avons des pensées déterminées et réelles que lorsque nous leur donnons la forme objective (...) C'est le son articulé, le mot, qui seul nous offre une existence où l'externe et l'interne sont si intimement unis. Par conséquent, vouloir penser sans les mots, c'est une tentative insensée. (...) Ainsi, le mot donne à la pensée son existence la plus haute et la plus vraie. » Dans la parole, « l'emploi du mot "je" est l'une des formes de re-présentation les plus fallacieuses de notre langage » (Wittgenstein, 1975, p. 91). La parole est essentielle, elle est aussi un art de faire qui peut unir ou diviser. Il n'y a pas de neutralité des mots, il y a un usage significatif des mots, libérateurs ou aliénants.

Au sens et à l'art de la parole du travail social s'ajoute la fonction plurielle de cette parole. Les savoir dire, les paroles d'expertise, les paroles techniques objectives se conjuguent avec les paroles permettant la force du liant et comportant des temps de confidence, de complicité, de proximité, de réconfort... Paroles de réaffiliation personnelle et sociale, paroles d'entremise sociale ; la fonction plurielle de la parole du travail social comporte tous ces entrecroisements, en se situant dans une éthique de l'écoute, de la parole, du bien-dire. « L'éthique de la parole, dans une expérience de jour en jour renouvelée, affirme une exigence de vérité. Il s'agit de dire vrai, mais il n'y a pas de dire vrai sans être vrai » (Gusdorf, 1956, p. 121).

Parole, quand tu nous tiens pour le meilleur et pour le dire ! C'est ce que nous souhaitons pour le travail social... ●

Bibliographie

Bourdieu P., *Ce que parler veut dire*, Paris : Fayard, 1982

Breton P., *La parole manipulée*, Paris : La Découverte, 2004

Derrida J., *La voix et le phénomène*, Paris : PUF, 2003

Gusdorf G., *La parole*, Paris : PUF, 1956

Habermas J., *De l'éthique de la discussion*, Paris : Flammarion, 1992

Hegel GWF., *Philosophie de l'esprit.* Volume 2, Bruxelles : Culture et civilisation, 1969

Heidegger M., *Acheminements vers la parole*, Paris : Gallimard, 1981

Le journal du CNRS, 181, 2005

Lacan J., *Ecrits, I et II*, Paris : Gallimard, 1966

Merleau-Ponty M., *La prose du Monde*, Paris : Gallimard, 1969

Merleau-Ponty M., *Phénoménologie de la perception*, Paris : Gallimard, 1992

Wallon H., *De l'acte à la pensée*, Paris : Flammarion, 1942

Wallon H., *La vie mentale*, Paris : Editions sociales, 1982

Watzlawick P., *Une logique de la communication*, Paris : Seuil, 1972

Wittgenstein L., *Remarques philosophiques*, Paris : Gallimard, 1975

La parole par le geste (4/8)

Marcel **Jaeger**

Façons de parler, façons de dire

La question de la parole dans le travail social est une bonne occasion de rendre hommage à Yvonne Verdier et à son livre *Façons de dire, façons de faire* (1979).
Nous retiendrons d'elle, à une époque où est mise en avant la priorité de l'écriture sur la parole, son souci d'aller au plus près du quotidien des personnes « simples », qui n'écrivent pas, voire ne savent pas écrire ; ces personnes que l'on appelle parfois « les gens de peu » (Sansot, 1992),

> M. Jaeger est sociologue, titulaire de la Chaire de travail social et d'intervention sociale au Cnam. Mail : marcel.jaeger2@orange.fr

mais qui ont beaucoup à dire. Ce sont ces personnes que côtoient et accompagnent les travailleurs sociaux. Et ces derniers eux-mêmes se sont retrouvés longtemps dans une situation voisine, plus familiers du discours oral que de la plume.

La suspicion d'insignifiance de la parole

L'ouvrage d'Yvonne Verdier, dont le sous-titre est *La laveuse, la couturière, la cuisinière*, restitue une enquête ethnographique à Minot, en Bourgogne, menée de 1968 à 1975. Il renoue avec une idée ancienne mais peu valorisée dans les milieux académiques : les mots de tous les jours, ceux des activités quotidiennes, renvoient aux actes les plus ordinaires de la vie et rendent dérisoires toutes les façons de « fétichiser » le langage. En même temps, ils nous donnent accès à ce qui fait l'essentiel de la vie sociale : les façons de dire et les façons de faire ont en commun de renvoyer à un savoir dont l'importance est trop souvent négligée.

D'autre part, elles se répondent les unes les autres. Le linguiste britannique John Langshaw Austin avait déjà mis en avant la formule « dire pour faire », en même temps que « dire, c'est faire » (titre de son livre, paru après sa mort) : le langage est finalisé par l'action et est action lui-même. Il proposait une sorte de phénoménologie linguistique dans laquelle la langue parlée aurait pour mission d'éclairer la complexité qu'un certain nombre d'énonciations – qu'il appelle performatives – entretient avec la complexité des événements les plus triviaux. Ces énonciations ne doivent pas être considérées comme des affirmations vraies ou fausses, ni même comme des non-sens. Liées aux actions que nous menons tous les jours, elles demeurent des énonciations qui visent à faire quelque chose. La façon de dire n'est donc pas qu'une affaire d'accent, de style. Elle relève de la performance, au sens linguistique et au sens socio-économique.

Mais pour en rendre compte, il faut surmonter une première difficulté : participer à un échange de paroles ne suppose pas qu'un décryptage ; il implique l'acceptation de l'autre. Yvonne Verdier en a fait l'expérience et a posé d'emblée la question de la traduction. Car, pour établir le contact puis la relation, il faut arriver à comprendre les mots des habitants d'un monde ignoré, lorsque l'accent, les formules patoisantes ne les rendent pas d'emblée compréhensibles. Elle explique ainsi : « C'est peut-être la langue qui fut le premier élément d'étrangeté, non pas que nous ayons dû l'apprendre comme une langue étrangère (il n'y avait plus à notre arrivée que deux patoisants et qui n'avaient guère l'occasion de se parler) » (Verdier, 1979, p. 11). Dans le cas présent, ce n'était pas la langue qui était étrangère, mais le mode de raisonnement et le système de représentations des uns et des autres. La question finale paraît être : parler de quoi, peu importe ; mais parler avec qui ?

Par contre, Yvonne Verdier ne fait pas de différence entre façons de dire et façons de parler. Dans les deux cas, elle s'intéresse à la parole des femmes, en particulier à propos des interdits les concernant au moment de la « tuerie du cochon », et plus largement sur la façon de causer, de bavarder... : « Il y a une manière de conter ou de parler à l'envolée, de crier contre les poules, les vaches ou les enfants, de converser au café ou de psalmodier le malheur vécu » (Verdier, 1979, p. 11) : façons de parler, façons de causer, qui excusent par avance les imprécisions, voire les erreurs et les injustices.

Néanmoins, il existe bien un écart entre la façon de dire, rapportée à un objet ou à une action, et la façon de parler qui peut être déconnectée d'une finalité particulière. On voit toute la différence entre un verbe transitif et un verbe intransitif. La parole passe pour être de l'ordre de la causerie, de l'expression de soi, sans obligation de délivrer un message précis. De fait, les paroles ne disent pas toujours quelque chose à quelqu'un. Elles se répètent comme un refrain interminable dans la chanson ; elles sont sans enjeu ou de moindre enjeu. Pourtant, une façon de parler n'indique pas, par principe, une forme de désinvolture : parler n'exonère pas d'un investissement du sens des mots et cela s'accompagne, en réalité, d'une grande richesse du discours, quoi qu'on en dise.

Nous tirerons des messages de John Langshaw Austin et d'Yvonne Verdier des enseignements très utiles pour le travail social, au moment où l'on pourrait avoir tendance à se prémunir des dérives de la parole non maîtrisée au profit d'une survalorisation de l'écrit. Nous sommes en effet passés, de la priorité donnée à l'écriture professionnelle sur la parole, fût-elle aussi professionnelle, et sans doute, en amont, de la priorité donnée à la façon de dire, avec un discours structuré, sur la façon de parler ou de causer. La référence au vécu, à la tradition orale, souvent plus expressive que communicative est censée appartenir au passé : une domination archaïque de l'oralisme servant, paradoxalement, à souligner l'impossibilité de pouvoir restituer le contenu d'une relation éducative, d'un travail clinique que l'on situe aux frontières de l'indicible. Dire sans rien pouvoir dire d'essentiel, confier et se confier mais sans transmettre ce dont l'autre dit avoir besoin : le pari est devenu intenable.

Ainsi, les travailleurs sociaux ne cessent d'être sommés de renforcer la place de l'écriture dans leur pratique professionnelle. Ils avaient déjà des comptes-rendus, des rapports à rédiger. Ils voient se multiplier, depuis la loi du 2 janvier 2002, les injonctions dans ce domaine. Le renforcement de la place de l'écriture semble considéré comme une option principale pour répondre à la crise de légitimité du travail social : l'objectif de la bientraitance passe par l'administration de la preuve que sont tenus de produire les professionnels du secteur social et médico-social, en commençant par des documents à remettre aux usagers (livret d'accueil, règlement de fonctionnement, contrat de séjour, document individuel de prise en charge, projets individualisés et institutionnels…) ou donnant l'assurance de la qualité de leur travail par l'intermédiaire de rapports d'évaluation interne de l'activité des établissements et services. Le message est d'autant mieux passé que le développement de la formation, l'augmentation des niveaux de qualification, le souci de compléter les acquis de l'expérience par des référents théoriques au plus près de la pratique ont favorisé la production écrite des travailleurs sociaux.

Le politique n'est pas en reste. La montée du juridique, de la définition de règles, de normes et de consignes de plus en plus sophistiquées sont les signes d'une tendance lourde. Chacun finit par s'en inquiéter. Même le Conseil d'Etat a reproché au législateur, en 2002, d'être trop « bavard », quitte à utiliser un adjectif impropre, car le bavard est en général plutôt celui qui parle beaucoup. Des chiffres ont été donnés dans un rapport du Sénat : le *Bulletin des lois* qui pesait 912 grammes en 1970 est passé à 3,266 kg en 2004. Les lois sont devenues d'une épaisseur considérable. C'est le cas de la loi du 2 janvier 2002 avec ses 87 articles ; celle du 11 février 2005 pour ce qui concerne le handicap a dépassé le cap des 100 articles et la loi « portant réforme de l'hôpital et relative aux patients, à la santé et aux territoires » (dite loi HPST) du 21 juillet 2009 comporte 135 articles, dont certains sont très longs.

Un foisonnement d'écrits organise la protection des personnes, quitte à ce que les textes soient finalement illisibles et inapplicables.

Mutations sociales et questionnements sémantiques

Dans ce contexte d'explosion de l'écriture, comme phénomène éditorial et comme dimension de la professionnalisation, les mots deviennent chargés de significations dont on ne peut jamais être tout à fait sûr. On voit ainsi un nombre croissant de dictionnaires de toutes sortes, de plus en plus ciblés sur le secteur social et médico-social, là où nous n'avions guère que des outils techniques, en petit nombre et rapportés à d'autres champs de pratiques : le *Vocabulaire de la psychopédagogie et de la psychiatrie de l'enfant*, de Robert Lafon (1963), le *Dictionnaire de la psychanalyse*, de Jean Laplanche et Jean-Bertrand Pontalis (1967), par exemple.

La terminologie est donc à considérer en situation. L'intérêt pour les mots d'une époque n'est pas nouveau. Georges Matoré y avait consacré sa thèse en 1946, avant de poursuivre ses travaux de lexicologie et de travailler, notamment, avec Algirdas Julien Greimas. C'est le début d'une époque où la linguistique fait irruption, même si les structures du langage retiennent plus l'attention que la dimension sociale de la langue. En tous cas, la question des mots et de la façon de dire est au cœur des années 1960 : on pense au livre de Jean-Paul Sartre, *Les Mots* (1964), ou à la prolifération des formules provocatrices des situationnistes.

Le lien avec les façons de faire est moins explicite avec Michel Foucault, lorsqu'il publie *Les mots et les choses* en 1966. Il n'écrit pas : « les mots et les pratiques ». Il s'agit d'abord, pour lui, de montrer comment les mots et les choses renvoient à une question qu'il reprendra dans toute son œuvre : la question de l'ordre, au-delà des questions d'organisation. Ainsi, explique-t-il, « les codes fondamentaux d'une culture – ceux qui régissent son langage, ses schémas perceptifs, ses échanges, ses techniques, ses valeurs, la hiérarchie de ses pratiques – fixent d'entrée de jeu pour chaque homme les ordres empiriques auxquels il aura affaire et dans lesquels il se retrouvera » (Foucault, 1966, p. 11).

Ainsi, dans le tournant des années 1960, les enjeux sont ceux de la compréhension de la complexité d'un univers en profonde mutation, ce que Michel Foucault et Maurice Merleau-Ponty appelleront la « prose du monde » (titre du chapitre II du livre de Michel Foucault, repris à Maurice Merleau-Ponty, qui avait écrit *La prose du monde* en 1952). La question est : comment comprendre le monde si les mots et les choses se séparent, si, à partir de la réorganisation de la culture à l'âge classique, « le discours (a) bien pour tâche de dire ce qui est, mais il ne sera rien de plus que ce qu'il dit » (Foucault, 1966, p. 58). Le langage pose donc un problème essentiel : il n'est pas simplement un véhicule pour la restitution de la réalité, ni un simple outil de communication. C'est pourquoi nous changeons complètement d'approche : l'heure n'est plus au commentaire de ce qui est dit, à la paraphrase, mais à la critique (1), au sens où il faut travailler les mots, dénouer les représentations, analyser les figures du langage qui entretiennent des rapports d'une grande complexité à la fois entre elles et avec ce qu'elles sont censées représenter.

Certains auteurs n'ont pas cédé à l'attraction structuraliste pour la « lettre ». Jacques Derrida a expliqué longuement dans trois livres majeurs parus en 1967, *De la grammatologie*, *La voix et le phénomène* et *L'écriture et la différence*, en quoi la fixation des idées par l'écriture et la formalisation ne pouvait

(1) Cf. Foucault, 1966, p. 94.

suffire : leur contribution à l'organisation de la réflexion et à la communication se paient aussi d'un appauvrissement ou, à l'inverse, d'une surabondance de signes qui, au bout du compte, écrasent la parole. Il écrit ainsi : « Parler me fait peur parce que, ne disant jamais assez, je dis aussi toujours trop. Et si la nécessité de devenir souffle ou parole étreint le sens — et notre responsabilité du sens —, l'écriture étreint et contraint davantage encore la parole » (Derrida, 1967-1, pp. 18-19). La parole est donc au plus près de la pensée ; elle peut être trahie, déformée, alors même qu'elle est censée engager la responsabilité de celui qui parle. En même temps, il ne restera dans tous les cas que des traces qui aident à donner des significations, mais qui ne rendront jamais complètement compte de la vérité.

Dès les années 1970, le travail social s'est trouvé impacté par la question du langage, ne serait-ce qu'à travers la vogue du structuralisme, la découverte de Jacques Lacan, de Louis Althusser. Mais la place croissante des sciences humaines et sociales dans ce champ, à travers notamment le secteur de la formation des travailleurs sociaux, a été l'occasion d'une réflexion axée surtout sur l'écriture. A cette époque, les carences des professionnels en la matière n'ont cessé d'être soulignées : les éducateurs, pour ne parler que d'eux, n'écrivent pas, avec un double sous-entendu : ils n'ont ni les compétences nécessaires, ni la culture.

La conversion de l'oral au bénéfice de l'écrit correspond à plusieurs données : la prise de conscience de la complexité des problèmes sociaux et individuels, ainsi que celle de sa propre organisation institutionnelle au moment où ce secteur se confronte à l'accélération de sa croissance et à la multiplication des dispositifs. L'ensemble appelle de nouvelles approches en termes de connaissances et d'analyses pour lesquelles les sciences humaines et sociales apportent un certain nombre de clés. Mais ce mouvement s'accompagne d'une interpénétration de vocabulaires issus d'une pluralité de disciplines académiques et de champs théoriques. Il fait apparaître une hypersensibilité aux mots, à tout ce qui les rendrait incompréhensibles aux autres, d'où des problèmes de traduction, de reconnaissance, de valorisation et surtout de lisibilité. Enfin, il souligne crûment l'absence d'une discipline constituée autour des pratiques du travail social et pose le problème de la solidité des assises de l'écriture professionnelle.

Aujourd'hui, de nombreux guides et dictionnaires paraissent dans le secteur social et médico-social, soit dans une approche plutôt académique, malgré un affichage « critique », soit dans une ligne référée d'abord à des pratiques. Tous ces ouvrages destinés à donner des points de repères reposent sur plusieurs postulats : un lexique est possible, même si ses contours sont incertains et discutables ; et dans un lexique, il y a du sûr et du moins sûr. Nous retrouvons là une illustration des débats ouverts sur les définitions et les « indéfinitions », déjà du temps du philosophe Alfred Fouillée, qui identifiait volontiers, au tout début du XXème siècle, des « idées-forces » dont il considérait que la force était proportionnelle à la difficulté d'en cerner le contenu…

Le juriste Michel Borgetto va dans le même sens en estimant que des « maîtres mots » comme la fraternité, la solidarité, etc., ont la propriété remarquable de « résister à toutes les tentatives de clarification conceptuelle ». Citant ces auteurs, Marie-Claude Blais montre une autre voie. On peut, en effet, en rester au constat de la vacuité d'un sens établi et consensuel pour des mots qui se présentent comme des objets de peu d'épaisseur et de peu de valeur : du verbiage masquant les intérêts beaucoup plus prosaïques selon la distinction bien connue de la superposition des infrastructures et des superstructures. Mais, explique-t-elle en se penchant sur le mot « solidarité », il est non moins pertinent de prendre les mots au sérieux pour comprendre « les motifs pour lesquels l'entendement collectif se reconnaît dans un mot et les raisons de l'attrait exercé par ce dernier » (Blais, 2007, pp. 10-11).

Les façons de faire sans les façons se dire

La structuration du dire par l'écriture a un inconvénient majeur quand les travailleurs sociaux se sentent maladroits, peu convaincus de pouvoir produire de la connaissance, de faire de la recherche, pris en défaut dans leurs difficultés à restituer leur pratique. C'est alors que les façons de faire se retrouvent sans parole légitimée ; ou bien ils peuvent se réfugier dans l'adhésion à des discours idéologiques, en perdant tout sens critique. Le rapport à la pratique et au quotidien est la meilleure parade à ces dérives, à condition d'aller de pair avec une élaboration collective en vue de la construction d'un savoir constitué.

Ludwig Wittgenstein a montré que le seul moyen pour établir la valeur de vérité d'une quelconque proposition ne pouvait se réduire à vérifier sa cohérence interne comme le pensait Descartes. La preuve de sa vérité ne peut que résider dans l'observation de l'ensemble de ses conséquences pratiques. D'où la fameuse phrase par laquelle se clôt le *Tractatus logico-philosophicus* : « ce que l'on ne peut dire, il faut le taire » (2001, p. 122). Célestin Freinet ne fait pas autre chose en délivrant, deux ans avant sa mort, dans *Les invariants pédagogiques* (1964), un semblable conseil lapidaire aux enseignants qui voudraient suivre sa trace : « parlez le moins possible » ; idée qui allait avec une autre, pour laquelle il est plus connu : « se mettre à l'école des choses ». Il s'agit donc de montrer les choses que l'on ne peut pas dire ou qu'il serait trop long et trop compliqué de dire.

Mais il n'est plus possible de fonctionner comme cela, car ce qui est entendable comme un moment donné dans une stratégie de pédagogie active ne l'est pas dans un processus d'accompagnement des personnes. Il ne suffit plus de montrer ; il faut démontrer, donc analyser, ajuster… Dans cet esprit, Marie de Hennezel met en exergue dans son rapport sur la fin de vie une citation d'Albert Camus : « Mal nommer les choses, c'est ajouter au malheur du monde ».

Dans ces conditions, il faut parvenir à tenir les deux bouts de la chaîne : préserver la spontanéité de la parole et traduire la pensée dans des écrits construits. Cela justifie la place donnée dans les formations à l'analyse de la pratique, à l'ouverture intellectuelle, à la réflexion éthique ●

Bibliographie

Austin JL., *Quand dire, c'est faire*, Paris : Seuil, 1970

Bauduret JF. et Jaeger M., *Rénover l'action sociale et médico-sociale,*, Paris : Dunod, 2005

Besnier JM., « Théorie de la conversation », *in* Raynaud P. et Rials S. (dir.), *Dictionnaire de philosophie politique*, Paris : PUF, 2003

Blais MC., *La solidarité*, Paris : Gallimard, 2007

De Hennezel M., *Fin de vie : le devoir d'accompagnement*, Rapport au ministre de la Santé, Paris : la documentation française, 2004

Derrida J., *De la grammatologie*, Paris : Editions de Minuit, 1967-1

Derrida J., *La voix et le phénomène*, Paris : PUF, 1967-2

Derrida J., *L'écriture et la différence*, Paris : Seuil, 1967-3

Foucault M., Les mots et les choses, Paris : Gallimard, 1966

Freinet C., Les invariants pédagogiques, in *Oeuvres pédagogiques*, Paris : Seuil, 1994

Matoré G., *Le vocabulaire et la société sous Louis-Philippe*, Genève : Slatkine Reprints, 1967

Merleau-Ponty M., *La prose du monde*, Paris : Gallimard, 1969

Sansot P., *Les gens de peu*, Paris : PUF, 1992

Sartre JP., *Les mots*, Paris : Gallimard,1964

Verdier Y., *Façons de dire, façons de faire*, Paris : Gallimard, 1979

Wittgenstein L., *Tractatus logico-philosophicus*, Paris : Gallimard, 2001

Joseph **Rouzel**

« Ce que parler veut dire »

« J'ai peur de ce que les mots vont faire de moi », Samuel Beckett, *L'innommable.*

« Il n'est pas de parole sans réponse, même si elle ne rencontre que le silence, pourvu qu'elle ait un auditeur », Jacques Lacan.

Le titre se veut hommage au poète Jean Tardieu (*Ce que parler veut dire ou le patois des familles*) et au sociologue Pierre Bourdieu (*Ce que parler veut dire*). Le poète fait pétiller les ressources de la langue ; le sociologue situe les enjeux de l'interlocution en fonction des places symboliques de pouvoir.

Je m'attacherai ici à tenter de cerner ce qu'il en est d'une pratique d'entretien,

> J. Rouzel est psychanalyste en cabinet et formateur en libéral. Directeur de Psychasoc.
Mail : rouzel@psychasoc.com

qui constitue le cœur des interventions sociales. J'aborderai la question par le biais d'une formation à cette pratique. En effet, les travailleurs sociaux n'ont pas tiré toutes les conséquences de cette évidence : la relation avec les personnes prises en charge s'engage avant tout dans la parole. Au-delà de l'aide et des prestations matérielles apportées légitimement à des personnes en souffrance ou en difficulté, l'action sociale se fonde avant tout sur des paroles échangées. D'où l'importance de l'entretien dans les pratiques sociales. Qu'il soit formel ou informel ; en individuel ou en groupe.
Mais qu'est ce que parler veut dire ? Existe-il des techniques pour se repérer dans cette pratique de lien social ? Comment se situer dans un entretien ? Quelle place pour les interlocuteurs ? Comment cerner les objectifs et les moyens à mettre en œuvre ? Comment préserver un cadre ? Qu'en est-il du transfert dans la relation d'entretien ? Il s'agit de ne lâcher ni sur la mission de l'établissement, ni sur l'éthique du travail social qui opère sous transfert.

De la parole **jaillit la matière...**

Partons de cette matière singulière qui sert de monnaie d'échange entre humains : la parole. Très loin et en porte-à-faux avec ce qui s'enseigne trop souvent dans les départements universitaires des « Sciences de la communication », je poserai d'emblée que le langage humain n'est pas fait pour communiquer. Tout un chacun constatera dans sa vie privée ou professionnelle que cette prétention à la communication est battue en brèche par l'expérience qu'on peut faire de ce que parler veut dire. On ne se comprend pas. Toutes les paroles échangées sont affectées de malentendus, d'équivoques. Ce que la psychanalyse, mais aussi la linguistique, depuis Saussure jusqu'à Jakobson, nous enseignent, c'est que le langage chez les humains est un espace de représentation ; représentation d'une absence. Lacan en ramasse la formule : « le signifiant représente un sujet pour un autre signifiant » (Lacan, 1975, p. 129). Autrement dit, le sujet de la parole que chacun d'entre nous est, du moins, je le suppose, n'apparaît jamais que représenté. Parler nous coupe en deux : d'un côté un signifiant, un mot si l'on veut et de l'autre un sujet, qui reste dans l'ombre, énigme vivante. Sujet barré énonce Lacan. Sujet divisé par l'opération de la parole. Sujet... assujetti ! L'être humain, tel que le biologiste Louis Bolk (1) le définit à l'enseigne de la « néoténie », nait/n'est pas fini. C'est cette marque d'incomplétude qu'impriment dans le corps du petit d'homme les lois du langage. Ceci fait de l'être parlant un être fabriqué à partir d'un manque structural.
L'origine étymologique du mot parole évoque cette incomplétude. Forgé à partir du radical indo-européen « BOL/BAL », le mot nous parvient directe-

(1) Louis Bolk (1866-1930), anatomiste et biologiste néerlandais établit une théorie, la foetalisation, sur l'immaturité inhérente à l'espèce humaine (néoténie).

ment du grec ancien dans sa composition de *para-bolos*, qui donne d'abord « parabole ». Qu'elle soit du Christ, mathématique, ou capteur d'images ou de sons, le mouvement de la parabole se déploie comme le ratage de l'objet. Un être humain, être de parole, ça rêve, ça rit et ça… rate. *Para-ballein* signifie : lancer à côté. Il s'agirait alors, si l'on se fie à Samuel Beckett dans *Cap au pire* (1991), de dire, « dire encore… dire un corps… essayer encore. Rater encore. Rater mieux ».

Cette matière sonore que nous échangeons à longueur de temps, offre quelques caractéristiques sur lesquelles il vaut mieux que le travailleur social ait acquis un minimum de connaissances. Tout d'abord, nous dit Ferdinand de Saussure (1995), la parole est frappée d'équivoque. Alors que le langage animal est marqué par l'univoque. Chez les animaux, un signal émis - il peut être sonore, gestuel, olfactif…- renvoie pour un congénère à un message unique. Par contre dans le langage humain, le signifiant renvoie toujours à une pluralité de signifiés. Que signifie le signifiant « Pierre » ? Un prénom ? Un caillou ? Entre-t-il dans une formule mathématique ?(πR2, 2πR) ? Renvoie-t-il à un sens sous-jacent : « la pie erre…? » etc. Aucun mot n'a un sens unique. Bref on ne se comprend pas, ni soi-même, ni entre nous. Il y a donc dans toute parole émise, qu'on le veuille ou non, que le parleur le sache ou non, à la fois du manifeste et du latent. On ne sait pas ce qu'on dit. On ne peut en mesurer toutes les conséquences. Malgré ce ratage introduit par l'équivoque qui s'attache au langage humain, tenir compte de cette dimension de représentation d'un sujet me paraît la main courante du travail social. Au-delà des énoncés, le sujet qui s'exprime sous le chapeau de l'usager, laisse entendre ce qu'il vit, ce qu'il ressent, ce qu'il éprouve. Encore faut-il qu'il trouve…à qui parler !

Tenir compte de ces évidences dans le cadre d'une formation à l'entretien exige d'en passer par un dispositif de formation, où en faire l'épreuve l'emporte sur toute accumulation de savoir. En effet, les travailleurs sociaux en formation, qu'elle soit initiale ou continue, qui entendent se former à ce qu'on désigne comme « technique d'entretien » ne sauraient s'y préparer sans l'expérimenter eux-mêmes. « Le chemin se fait en marchant », écrit le poète Antonio Machado. Le terme de technique demande un éclaircissement. Il ne s'agit en rien de suggérer des recettes ou d'établir un catalogue des « bonnes pratiques » pour mener à bien les entretiens, mais de renouer avec ce que ce mot emporte dans sa force originelle. La *teknè* des anciens grecs est plus proche du savoir faire de l'artisan, du tour de main, comme on dit, que de notre technologie industrielle moderne. Les premiers médecins, dont Hippocrate, ne parlaient-ils pas de *teknè clinikè* (technique clinique) faisant de la clinique, exercée au chevet du malade, un art véritable ?

Nous avons développé à l'Institut européen psychanalyse et travail social (PSYCHASOC) de Montpellier une formation à l'entretien en travail social, dans ce sens. L'entretien met en jeu non seulement les ressources et les lois de la parole mais aussi le lien social, au sens où il ne saurait y avoir d'échange humain sans transfert. C'est sans doute une des difficultés de l'entretien dans ce champ professionnel que de faire avec ce qui nous affecte dans la relation. Nous sommes loin des schémas de communication qui transforment les interlocuteurs en émetteurs et récepteurs: on n'est pas des machines !
L'apprentissage de la technique d'entretien met en jeu toute une série de repères qui en balisent l'exercice.

Le cadre

Premier point, et sur cela le travail de Pierre Bourdieu s'avère précieux : le repérage des places. D'où je parle, d'où j'écoute ? Une des lois du langage imposée réside dans le fait qu'on ne peut tenir les deux places en même temps : quand l'un parle, l'autre écoute. Mais l'inscription sociale, les déterminants culturels de la position sont aussi à envisager. Les places de travailleur social et d'usager ne sont pas symétriques. De quelle place symbolique se mène l'entretien ? Un certain nombre de repères objectifs permettent d'y répondre : la mission de l'établissement, les objectifs poursuivis ; mais aussi, au sens où la psychosociologie nous les enseignent : le statut, la fonction et le rôle du travailleur social. Donc, premier temps : le repérage de la différence des places. Cette différence se doit d'être énoncée dès le départ. Une anecdote tragique m'a tout jeune mis la puce à l'oreille. Elle se déroule à New York. Un homme sort de prison et se rend dans un bar pour boire une bière. La conversation s'engage avec un autre consommateur. L'ex-prisonnier s'épanche, raconte ses malheurs, son enfance difficile dans le Bronx etc. A la fin, l'autre client lui dit qu'il comprend et qu'il compatit, car il est prêtre. A cet instant l'homme sort un couteau et le poignarde en disant : « fallait le dire avant, moi je ne parle pas aux curés ». Il s'est senti trahi, dira-t-il lors de son procès. De la prêtrise à la traîtrise le pas avait été vite franchi. Cette histoire est une leçon sur l'indispensable parole à tenir en début d'entretien pour désigner clairement la place que l'on occupe et les règles du jeu de l'entretien. Règles que je vais maintenant déplier en précisant ce qu'il en est du dispositif, du temps, de l'espace et des techniques mises en œuvre. Cet ensemble de dispositions qui articule différence des places et règles énoncées constitue le cadre auquel se soumettent ensuite et le travailleur social et l'usager. Le cadre établit un tiers et protège des débordements, voire des passages à l'acte des interlocuteurs.

Le dispositif

A entendre au sens où le définit Giorgio Agamben : « Le dispositif est donc, avant tout, une machine qui produit des subjectivations et c'est par quoi il est aussi une machine de gouvernement » (Agamben, 2007, p. 42). Michel Foucault pour sa part précise qu'un dispositif, terme qu'il met au travail à partir des années 70, « c'est un ensemble résolument hétérogène comportant des discours, des institutions, des aménagements architecturaux, des décisions règlementaires, des lois, des mesures administratives, des énoncés scientifiques, des propositions philosophiques, morales, philanthropiques : bref du dit aussi bien que du non-dit. Le dispositif lui-même c'est le réseau que l'on établit entre ces éléments » (Foucault, 1994, p. 299). Dans le cadre de l'entretien en travail social, il faut dont entendre sous la notion de dispositif, un ensemble complexe articulant théorie et pratique, textes législatifs et éthique, qu'on ne saurait réduire à une quelconque application technologique. Si l'on ne veut pas tomber à pieds joints, et à son corps défendant, dans des abus de pouvoir, du fait de la dissymétrie des places, que ce soit sur le versant d'un excès de contrôle social ou celui d'un non-respect de l'intimité des personnes, il y a lieu de se mettre au clair sur le dispositif et les présupposés. L'article 5 de la Convention du Conseil de l'Europe nous fournit sur ce point des indications précieuses qui font garde-fous autant en matière d'entretien que d'écrits professionnels : l'information enregistrée doit être légale, loyalement obtenue, pertinente, adéquate et non excessive.

Le premier élément du dispositif implique que les interlocuteurs soient régis par les mêmes règles du jeu. Il importe que le travailleur social fasse part à l'usager non seulement des raisons de l'entretien, mais encore des objectifs poursuivis. Un éducateur d'AEMO (Action éducative en milieu ouvert) qui s'était rendu au domicile d'une mère de famille, s'est ainsi fait mettre à la porte pour n'avoir rien dit de ce qui motivait sa demande d'entretien. L'éthique et la technique de l'entretien auraient exigé qu'il lise l'ordonnance du juge (il s'agissait d'une IOE (Investigation d'orientation éducative)), qu'il explique qu'il était mandaté par le juge suite à un signalement, et que l'objectif était de déterminer si ses enfants étaient en danger ou non, les entretiens faisant ensuite l'objet d'un rapport remis au juge ; faute de quoi sa visite à domicile ne pouvait être perçue que comme une intrusion. Il s'agira dans le même temps où l'on pose le cadre, d'insister sur ce que les paroles échangées vont devenir, ce que ce type d'entretien implique, et les conséquences qui peuvent en découler. Y a t-il une règle de confidentialité ? Le travailleur social est-il soumis au secret professionnel ? Dans quelles limites ? Quels sont les dires qui devront faire l'objet d'un retour à l'extérieur de l'entretien ? Quels en seront les destinataires intra et extra-institutionnels ? Notons que les objectifs manifestes se doublent, comme dans toute relation humaine, d'intentions plus… subjectives, du travailleur social comme de l'usager, qui se nouent dans le transfert et qu'il s'agira d'éclaircir dans un autre espace.

Le temps

Le temps emporte des questions qu'il est indispensable non seulement de régler avant tout entretien, mais aussi de partager avec l'usager. La périodicité des entretiens, la précision des heures et jours de rendez-vous, la durée des entretiens… Autant d'éléments à prendre en compte et à réguler en fonction des objectifs. Je me souviens d'une éducatrice stagiaire en CHRS (Centre d'hébergement et de réinsertion sociale) qui me faisait part dans une supervision de son écœurement. Les résidents venaient les uns après les autres lui déverser les pires horreurs, et ça durait des heures, sans qu'elle puisse vraiment mettre une limite autre que les nécessités du service. Je m'entends encore lui dire : « mais vous n'êtes pas une poubelle ! » A n'avoir rien serré du cadre, notamment en matière de temps, elle était envahie et ne savait du coup que faire avec ce qu'elle entendait. Ajoutons que les résidents, voyant là la bonne aubaine de déverser à plein bouillon leurs plaintes et récriminations en tous genres, y allaient de bon cœur. Mais pour quel résultat ?

Toujours en matière de temps, la fin de l'entretien est à considérer non seulement à l'aune du temps disponible, soit le temps des horloges, mais aussi du temps psychique. La psychanalyse, notamment dans le sillage de Lacan, nous a appris ainsi qu'il pouvait s'avérer important, même dans une visée non thérapeutique, de marquer un signifiant particulier, de souligner une question qui reste en suspens, bref de ponctuer la fin de l'entretien pour que le sujet poursuive son élaboration. Il me souvient lorsque j'exerçais comme éducateur dans un centre d'accueil pour toxicomanes, d'un entretien avec un jeune homme en demande d'une postcure. J'ai levé l'entretien sur : « vous croyez vraiment qu'une de plus va vous apporter quelque chose ? ». Le travailleur social n'est pas obligé, guidé par une illusion de mauvais aloi qu'il aurait réponse à toute demande, de sauter à pieds joints sur une solution prête-à-penser. On peut même estimer que la justification de l'entretien comme outil professionnel repose avant tout, comme pour toute autre forme de médiation, sur la mise au travail, à ciel ouvert, de ce qu'exprime un sujet à travers sa demande, le plus souvent sans s'en rendre compte. Fermer le bec d'un sujet avec l'illusion du bon objet à fourguer en urgence, si j'ose dire, ce n'est pas du travail. L'entretien suivant, ce jeune homme, qui en était à sa douzième cure de désintoxication suivi d'autant de postcures, a commencé en disant « la postcure, c'est parce que en faisant un break de plusieurs mois, après le sevrage, la poudre n'en est que meilleure. Mais alors qu'est-ce que je peux faire d'autre ? ». L'usage nous apprend qu'entre deux entretiens, comme on dit, *ça travaille*. L'entrée, notamment lors d'un premier entretien, demande une attention tout aussi soutenue. S'il s'agit bien de considérer l'entretien comme une technique ou une médiation parmi d'autres ; il y a lieu cependant de prendre en compte qu'il ne portera ses fruits qu'à partir d'une rencontre (2). Comme dans une partie d'échecs,

(2) Cf. Goguel d'Allondans et Goldsztaub, 2000.

l'ouverture est déterminante pour la suite. Cette rencontre inaugurale, l'expérience nous enseigne qu'elle irrigue toute la suite de la prise en charge. La rencontre vise à ouvrir le sujet accueilli à la dimension, y compris souvent inconsciente, de sa propre demande, de son propre désir, de son symptôme. Que la formulation en soit l'aide, le soutien, l'accompagnement etc. Ainsi, de ce jeune qui se présente en affirmant : « je suis toxicomane », et qui relève ses manches sur des bras constellés de piqûres, comme s'il n'y avait rien d'autre à dire. « Qui vous l'a dit ? » lui ai-je rétorqué. La spontanéité de ma remarque m'a surpris moi-même. Dans ces premiers instants de la rencontre, il convient de ne pas trop se laisser saisir pas la maîtrise de la situation, mais de faire confiance à la surprise. Evidemment s'en est suivi pour ce jeune homme un moment de perplexité et de désarroi. Mais c'est ainsi que l'ouverture s'est faite. A partir d'une logique que ma phrase énigmatique avait ouverte. « S'il ne croit pas que je suis toxicomane, mais alors qui suis-je ? », peut-on résumer. Enigme qu'il formula un peu plus tard. Ce « qui vous l'a dit ? » lui permit de renouer avec une scène, 15 ans plus tôt. Sa mère ayant trouvé du cannabis sous son matelas piqua une crise et lui lança à la figure que ça commençait comme ça et qu'ensuite c'était l'escalade. Elle ajouta qu'il allait finir toxicomane. Comme la question de tout adolescent tourne autour de ce « qui suis-je ? », sa mère lui avait fourni, clé en main, une réponse. 15 ans plus tard, ce premier entretien permit de rouvrir la question là où la drogue l'avait fermée. En effet à la question de l'identité, il n'est pas de réponse définitive, mais il est parfois tentant de l'épuiser dans un signifiant qui fasse clôture. Le sujet, me dit un jour Françoise Dolto, est... potentialité d'être, en devenir permanent. Si un signifiant permet de le représenter, il ne s'y résume pas. Introduire ou réintroduire, y compris dans le travail social, car ce n'est pas l'apanage des « psys », cette dimension de l'énigme du sujet, fait ouverture à une série d'entretiens où la question de l'insertion du sujet dans la réalité sociale, de ses difficultés à vivre avec autrui et soi-même, peuvent être envisagés à nouveaux frais. Combien de prises en charge dérapent du fait de ce manque d'ouverture à la réalité subjective. Ainsi de ces éducateurs qui, après avoir bagarré bec et ongles pour obtenir un logement à un SDF (Sans domicile fixe), furent estomaqués, lorsque, dès la seconde nuit, il repartit dormir sous les ponts. La question de se loger ne saurait se réduire à une case. Elle implique que s'entende un peu chez le sujet sa difficulté à trouver son « logement », c'est à dire sa place parmi les autres. D'autre part, l'instrumentalisation du sujet par les travailleurs sociaux, animés d'une volonté féroce de faire le bien, ne peut que produire des effets de résistance. « Non je ne suis pas un objet que l'on case », semblait dire ce SDF. Si ces éléments qui bordent le champ de la rencontre ne sont pas mis au travail dès le départ, la pente est bien savonnée d'un passage à l'acte du travailleur social ou de l'usager.

L'espace

Le ou les lieux où se déroulent les entretiens (les « aménagements architecturaux » dont parle Michel Foucault) ne sont pas à négliger. Rencontrer un jeune dans un bistrot, confiant dans l'adage de Paul Féval que : « si tu ne viens pas à Lagardère, Lagardère ira à toi », offre une perspective toute autre que de le convoquer dans un bureau. Le choix du lieu est donc à considérer en fonction de l'objectif et de ce qui favorise la relation. Il faut parfois savoir se déplacer et inventer sans trop céder à des présupposés fétichistes quant au cadre : dans mon bureau ou rien ! Un jour une équipe d'éducateurs me confie qu'ils attendent les demandes des jeunes dans le bureau, mais qu'aucun jeune ne vient. « Et ils sont où les jeunes ? », leur demandai-je « A l'autre bout de l'établissement. » « Qu'est-ce qu'ils font ? » « Des conneries, ils cassent les carreaux, etc. » « Mais vous ne l'entendez pas la demande ? Faudrait peut-être vous bouger pour l'entendre ! ». Notons au passage qu'en la circonstance l'usage du concept mal digéré, tiré d'une psychologie de bazar, « d'attendre la demande », qui peut prendre tout son sens lorsqu'il est traduit dans des actes cohérents, fait des ravages. Le père de la psychanalyse nous enseigna une certaine liberté avec l'espace et le cadre dont on peut s'inspirer, y compris dans le travail social. Il s'agit d'un moyen, non d'une fin en soi. C'est ainsi qu'il proposa au musicien Gustav Mahler une promenade dans les jardins du Prater de Vienne, plutôt qu'un entretien dans son cabinet. Celui-ci souffrait d'une dépression mélancolique grave et Freud sentit tout de suite que l'accueillir dans un lieu aussi fermé ne ferait qu'ajouter à l'angoisse. Cette séance de psychanalyse - unique - fut pour Mahler déterminante. Max Eitingon parlait à propos de ces variantes inventives : « d'analyse péripatéticienne » ! Je ne m'appesantirai pas sur la disposition des lieux, les modes de circulation etc. Ce sont certes des éléments déterminants de l'entretien, mais qui ont été suffisamment travaillés ailleurs, notamment dans la Psychothérapie institutionnelle (3).

Les techniques

Entretien directif, semi-directif, à reformulation, selon Carl Rogers, pratique à plusieurs, etc Les techniques d'entretien sont multiples. Comment déterminer la plus adéquate ? Il faut poser d'emblée que le choix n'est pas indifférent, car il modifie le dispositif. Encore une fois cela dépend de ce qu'on cherche. En tant qu'ancien éducateur éclairé par la psychanalyse, pour ma part je choisis toujours la voie d'impliquer le sujet. La technique dans cette perspective se plie à la dimension de la rencontre ; elle en épouse les contours. La clé de la clinique, qu'elle soit socio-éducative ou thérapeutique, réside dans la création à chaque fois différente d'un espace-temps qui favorise la rencontre, soit au sens psychanalytique, le transfert. Une fois l'accroche acquise, il me

---

(3) Par exemple : Oury, 2001 ; Girard, 2006 ; Tosquelles, 2009 ; Ledoux, 2005.

semble qu'il est plus simple de mettre sur rails les objectifs à poursuivre ensemble. J'insiste en formation pour que chaque professionnel trouve son style dans un cadre suffisamment souple où il se sent à l'aise pour faire ce pour quoi il est missionné. Cela laisse la porte ouverte à des variantes tout à fait fluides.

L'éthique

L'entretien répond à deux dimensions de l'éthique que, dans le sillage de Lacan, je définirai comme « éthique du bien dire » (Lacan, 1973, p. 65). Cela implique en matière d'entretien d'abord d'élaborer en amont un cadre suffisamment rigoureux et suffisamment souple, selon les linéaments décrits ci-dessus. On peut alors parler d'une éthique d'intention : qu'est-ce que je cherche en rencontrant en entretien tel usager ? Mais il y a lieu de considérer aussi une éthique des conséquences, en aval des entretiens, dans l'après-coup. Tout d'abord sur le plan institutionnel : dans quelle logique entre cet entretien, en quoi répond-il comme outil pertinent à la mission, etc ? Et cela trouve son prolongement dans des réunions d'équipe, réunions de synthèse et divers comptes-rendus, etc. Et ensuite sur le plan personnel : puisque le transfert est engagé, il s'agit pour le professionnel d'en tenir compte. Le transfert, prix à payer dirais-je, pour une rencontre humaine authentique, exige un véritable travail. Il introduit un temps de « confusion des sentiments » (Zweig, 1992) où le professionnel ne sait plus ce qui est de lui et de l'usager. Le travailleur social, n'est ni un morceau de marbre, ni une machine ! Il est touché dans ses émotions, ses sensations, son histoire qui parfois fait écho. Le transfert, en effet, se présente comme tiers dans la rencontre. Il incombe au professionnel de le mettre au travail, de mettre au travail ce qui… le travaille. Maniement du transfert, souligne Freud. Et ce maniement, qui se profile comme le garde-fou de la manipulation, est mis au travail dans des espaces particuliers, telle la supervision qui permet non seulement une prise de distance, mais aussi d'élaborer un véritable savoir issu du transfert, utile pour le professionnel et les collègues de l'équipe.
Le travail sur soi, sur ses intentions personnelles dans un espace professionnel — et il ne va pas de soi de les débusquer, constitue le fer de lance de cette pratique d'entretien. André Sève dans un célèbre entretien avec Georges Brassens en a fait les frais. Assez rapidement, Brassens repère que son interlocuteur le rencontre chargé de préjugés et il le pousse à se déplacer (4).
L'enjeu de tout entretien est de s'ouvrir à la surprise de l'altérité ; alors que la pente glissante conduit à faire entrer la parole d'autrui dans les cases connues, à fabriquer du même. Dans ce travail d'entretien, pour que la

(4) Cf. Sève, 1975.

rencontre ait lieu, mais aussi pour qu'elle soit au service de la personne et de l'aide que l'établissement est missionné pour lui apporter, on peut se laisser guider par cette invitation que Brassens, sans le savoir, reprend à son compte et qui nous vient tout droit d'un philosophe présocratique, Héraclite d'Ephèse. Celui-ci nous transmet à travers vingt-cinq siècles l'importance de ce qu'il désigne comme *elpis anelpiston*, l'attente de l'inattendu. Cela interroge profondément la position indispensable à occuper dans l'entretien. Il faut bien dans un premier temps savoir ne pas savoir et se laisser guider par la surprise de la rencontre. D'où le nécessaire « ramonage de cheminée » (c'est ainsi qu'une des premières patientes de Freud nomma la psychanalyse) pour mettre au clair ses représentations, ses préjugés, ses intentions inconscientes, ses désirs, etc. Le travail d'entretien exige, comme on le fait pour nos voitures : graissage/vidange réguliers, un véritable travail… d'entretien de soi ●

Bibliographie

Agamben G., *Qu'est-ce qu'un dispositif ?*, Paris : Payot, 2007

Beckett S., *Cap au pire*, Editions de Minuit, 1991

Bourdieu P., *Ce que parler veut dire*, Paris : Fayard, 1982

De Saussure F., *Cours de linguistique générale*, Paris : Payot, 1995

Foucault M., *Dits et écrits*, Vol. III, Paris : Gallimard, 1994

Girard M., *L'accueil en pratique institutionnelle*, Nîmes : Champ Social, 2006

Goguel d'Allondans Y. et Goldsztaub L., *La rencontre*, Strasbourg : Arcanes, 2000

Jakobson R., *Essais de linguistique générale*, Editions de Minuit, 1981

Lacan J., *Télévision*, Seuil, 1973

Lacan J., *Séminaire XX, Encore*, Seuil, 1975

Ledoux M., *Qu'est-ce que je fous là ?*, Kessel-Lo : Literate, 2005

Oury J., *Psychiatrie et psychothérapie institutionnelle*, Nîmes : Champ Social, 2001

Sève A., *Toute une vie pour la chanson*, Paris : Le Centurion, 1975

Tardieu J., *Ce que parler veut dire ou le patois des familles*, Paris : Gallimard, 2002

Tosquelles F., *Le travail thérapeutique en psychiatrie*, Toulouse : Eres, 2009

Zweig S., *La confusion des sentiments,* Paris : Livre de Poche, 1992

La parole par le geste (5/8)

CAUSE TOUJOURS...

3/ Paroles de terrain

Véronique **Bourzat**, Brigitte **Delespierre**, Pascaline **Delhaye**, Dominique **Sarlon**

Quand la parole fait advenir le sujet

Un groupe d'expression en CHRS

La loi 2002-2 rénovant l'action sociale et médico-sociale affirme et promeut les droits des usagers du secteur sanitaire et social ; elle prévoit la diversification des missions et des offres en adaptant les structures aux besoins ; elle en spécifie la coordination et l'évaluation.

La loi prévoit les outils pour la mise en œuvre de ces objectifs : livret d'accueil, charte des droits et libertés,

> V. Bourzat est chef de service éducatif ; B. Delespierre est secrétaire de direction ; P. Delhaye est psychologue et D. Sarlon est éducateur spécialisé (Association Home des Flandres (59)). Mail : p.delhaye@homedesflandres.fr

contrat de séjour, conciliateur ou médiateur, règlement de fonctionnement, projet d'établissement ou de service, conseil de vie sociale ou toute autre forme de participation des usagers.
Le Home des Flandres est une association implantée sur le versant Nord-Est de la Direction territoriale Roubaix-Tourcoing. Elle propose un accompagnement psycho-social, dans une action territorialisée, en privilégiant les projets d'accompagnement, de prévention, d'action sociale et de lutte contre les exclusions dans la proximité. Elle possède plusieurs dispositifs afin de cerner au mieux les besoins de ses publics : Maisons d'enfants à caractère social (MECS), centre de la petite enfance, accompagnement à la parentalité et Centre d'hébergement et de réinsertion sociale (CHRS). C'est au cœur de ce CHRS que nous relaterons comment les outils de la loi 2002-2 sont animés.
Le CHRS accueille des jeunes majeurs et des familles en difficultés sociales. Outre la mise à disposition de logements (un situé au-dessus des bureaux et les autres en ville), l'équipe propose un accompagnement socio-éducatif individualisé mettant en place les conditions de réussite. Il s'agit donc d'un travail sur les ressources, plutôt que sur les failles, ce qui comporte de prendre parfois des risques éducatifs. L'équipe, dont la pluridisciplinarité est considérée comme une richesse, invite les usagers à utiliser les dispositifs de droit commun.
En 2009, le CHRS se voit dans l'obligation de réécrire le règlement de fonctionnement, comme le prévoit la loi. C'est le groupe d'expression qui va porter le cadre de ce travail afin de sensibiliser au mieux les personnes accompagnées à la nécessité de leur participation.
Au CHRS, le groupe d'expression donne la possibilité aux personnes hébergées de donner leurs avis et de faire des propositions sur le fonctionnement et l'organisation du centre d'hébergement. Pour donner un exemple, l'an dernier, la question du respect de l'intimité avait été abordée dans ce cadre et avait donné lieu à une réactualisation des pratiques, à partir des échanges avec les personnes hébergées.
Pour le travail sur les documents de service, il y a eu trois groupes d'expression et deux sous-groupes de travail, représentant au total un volume horaire de quinze heures. Ils étaient animés par un éducateur, la secrétaire du service, la maîtresse de maison, la chef de service, le directeur, ainsi que la conseillère technique en démarche qualité de l'association. Les soixante personnes accompagnées par le CHRS ont reçu une invitation par courrier ; toutes ont également été relancées lors des différentes rencontres. Sept personnes se sont présentées à l'un ou l'autre groupe. Trois participeront à ces rencontres sur la durée. Il est à noter que ces personnes forment un groupe hétérogène, de par leur âge, leur pays d'origine, leur situation personnelle et familiale.

La tâche qui les attendait pouvait paraître fastidieuse : relecture et réécriture du livret d'accueil, du contrat de séjour et du règlement de fonctionnement. Fastidieux, car il est vite apparu que les personnes accédaient difficilement à une compréhension des nouveaux documents et qu'elles pouvaient être découragées.
Néanmoins, les temps de rencontres ont permis de tenir compte des avis, des suggestions des personnes dans la présentation des documents, des termes utilisés, et de prendre conscience du décalage, voire du fossé qui pouvait exister entre le vécu des personnes qui venaient faire une demande d'hébergement et une institution avec ses propres exigences.

Trois vignettes cliniques

Avant de présenter ce qui a pu se dégager comme traits essentiels de ces temps de travail, nous allons restituer, à partir des réactions verbales et non verbales de quelques personnes, la diversité du public que nous accueillons au CHRS et ce à quoi elles sont confrontées lors de cet accueil.

Charlotte

Charlotte aura bientôt 24 ans. Elle perçoit l'AAH (Allocation adulte handicapé) et travaille depuis quelques mois en tant qu'agent d'entretien dans un hôpital. Charlotte est venue régulièrement aux groupes d'expression depuis son arrivée au Home des Flandres en septembre 2009.
La complexité de Charlotte tient au fait que, pour trouver une place auprès des autres, elle tient régulièrement des propos dont la teneur peut paraître souvent peu vraisemblable, peu cohérente. C'est pourquoi de son histoire, nous savons peu d'éléments, hormis l'existence de sa mère et de son copain, sans pouvoir apporter plus de précisions, tant les éléments peuvent varier au fil du temps.
Au début de son accueil, Charlotte était dans une attitude d'opposition et de provocation. Opposition à toute idée de suivi, d'accompagnement, dont elle ne comprenait pas le sens. Après plusieurs années passées en internat spécialisé durant son enfance et son adolescence, elle sait dire qu'elle en a assez des éducateurs ; elle veut son appartement, point final. Dans les premiers mois de l'hébergement, elle cassait régulièrement le matériel de l'appartement où elle vivait. Elle prenait des initiatives allant à l'encontre de ce qui était posé, et pouvait parfois mettre en danger la sécurité des biens et des personnes.
L'équipe a néanmoins pris le risque de lui permettre d'accéder à un logement relais, répondant à son souhait d'être seule. Cette proposition lui a permis d'être dans une attitude plus positive ; se sentant reconnue dans son besoin, Charlotte a pu établir des échanges du fait d'une confiance qu'elle a pu instaurer.

Néanmoins, il est vrai que Charlotte peut continuer d'agacer. Sa présence aux groupes d'expression n'est pas dégagée de craintes car elle peut communiquer de manière peu retenue, parfois agressive, voire intrusive, sans mesurer les effets des propos tenus. Charlotte vient également souvent interpeller la secrétaire du service, surtout au début de son accueil, pour se plaindre ou revendiquer.
Mais lors des rencontres autour du travail sur les écrits, dans les groupes d'expression, l'équipe l'a aperçue toute autre, plutôt toute petite, nous dirions « dans ses plumes ».
Elle a bien essayé dans un premier temps de se faire remarquer, de se disperser un peu avec des propos jetés abruptement vers d'autres personnes, puis elle a mis peu à peu du sérieux dans les échanges.
De par la convivialité du moment et l'écoute respectueuse des uns et des autres, elle est parvenue à être authentique. Elle a réussi à dépasser sa honte, à nous dire qu'en fait elle n'avait rien compris aux documents qui lui avaient été remis à l'admission, et pour cause : elle ne sait ni lire, ni écrire. Elle nous a confié qu'à l'époque elle avait demandé à sa tutrice de « traduire » nos divers documents.

Samba

Samba est âgé de 33 ans. Il est d'origine guinéenne, plus exactement de Guinée Conakry. Le travail en CHRS est l'occasion de s'ouvrir à la géographie et à la connaissance d'autres cultures. Actuellement, bon nombre de personnes sont originaires de l'Afrique, centrale et du Nord, et des pays de l'Est de l'Europe (l'Azerbaïdjan, la Géorgie, l'Arménie...). Elles arrivent pour fuir des conditions de vie difficiles sur le plan économique, mais aussi pour des raisons politiques.
Revenons à Samba et à son parcours. Arrivé une première fois en France en 2001, il en est expulsé. Dès son retour en Guinée, il est emprisonné pour des motifs politiques. En prison, il rencontre sa femme qui a été incarcérée pour avoir refusé un mariage forcé. Le couple voit naître un premier enfant, un garçon, en 2004. Fin 2005, Samba revient en France. Après avoir demandé l'asile, il obtient une première carte de séjour. Il parle et comprend un peu le français mais ne maîtrise pas la lecture.
Il ne sera rejoint par sa femme qu'en 2008, et sans leur fils qui est confié à une nourrice en Guinée en attendant de pouvoir rejoindre ses parents. La jeune épouse de Samba demande une reconnaissance en tant que réfugiée politique. A ce jour elle n'a toujours pas de réponse. Elle ne parle pas le français, ne sait ni lire ni écrire. Une petite fille naît fin 2008 en France. Samba n'en étant qu'à sa quatrième carte de séjour, il ne peut encore ouvrir droit au RSA (Revenu de solidarité active). Il dort dans une voiture pendant que sa femme et la petite fille sont hébergées chez des connaissances. Mais

la cohabitation se dégrade très rapidement et c'est dans ce contexte que le couple s'adresse au CHRS pour un hébergement.
Dans le cadre des entretiens d'admission et de leur accueil, ils se voient proposer les divers documents institutionnels : livret d'accueil, règlement de fonctionnement, contrat de séjour. Samba est alors juste en capacité d'exprimer son besoin d'avoir un logement « pour vivre ensemble, en famille ». Aujourd'hui Samba travaille et va en formation pour se qualifier davantage. Le statut de sa femme en France est toujours en suspens. Un troisième enfant est né à la fin 2009, une autre petite fille. Samba et sa femme n'ont toujours pas le droit de faire venir leur fils aîné, âgé maintenant de 6 ans, et ils en sont très préoccupés. Cet enfant est constamment présent dans leur discours, il a une place dans tous leurs projets. Mais Samba doit pouvoir justifier d'un an de salaire de plus de 1000 euros pour pouvoir demander son rapprochement. Il en est encore loin, mais il avance avec détermination et courage dans son projet.
Et c'est avec la même bonne volonté qu'il a accepté de se joindre à nous dans le travail de réécriture de nos documents institutionnels. Samba s'exprimait peu au cours de ces temps de travail, mais ses attitudes en disaient long : le plus souvent silencieux, il regardait de droite et de gauche, se prenait la tête entre les mains. Il souriait, croisait nos regards, pouffait de rire à certains moments. L'équipe interprétait son attitude par sa difficulté à comprendre le français et à s'exprimer dans cette langue qu'il maîtrise peu. Alors, de là à en comprendre les nuances ! Mais ce n'était pas ce qui déclenchait sa bonne humeur, voire son hilarité. En effet, et Samba a pu nous le révéler il y a peu, il était amusé par la teneur des débats sur la pertinence et l'exactitude à propos de l'utilisation de tel ou tel mot. Il s'étonnait de nous voir discuter aussi longuement sur chaque mot du genre : « est-ce qu'on utiliserait le mot *individualisé*, plutôt que *personnalisé* ? »… Samba était à mille lieues de tout cela. Il se trouvait dans un autre monde ! Le grand écart dont il prenait toute la mesure le faisait sourire : la langue et ses nuances, tellement difficiles à approcher pour lui, la différence de culture (les contrats étant plutôt passés sur le mode de la transmission orale en Afrique), et puis surtout les préoccupations. Lors de ces groupes d'expression, Samba a pu dire, avec ses mots, que sa préoccupation lors de son accueil était d'avoir enfin un toit, pour vivre une vraie vie de famille et que, pour ce faire, il aurait signé n'importe quoi !

Adjila

Adjila a 41 ans. D'origine algérienne, elle est arrivée en France il y a 10 ans. Elle se marie et, rapidement, connaît des difficultés dans son couple quand elle découvre, avec le temps, que son mari est toxicomane. Elle attend de lui qu'il se prenne en charge, qu'il travaille, qu'il se soigne. Epuisée d'une

attente non satisfaite, elle vient en 2006 demander un hébergement car elle vient d'être mise hors du domicile par son mari et a peur de ne plus pouvoir conserver le travail qu'elle vient d'obtenir. Elle est alors accueillie et hébergée en juin 2006 dans un logement relais. Puis, au bout de six mois d'accompagnement, Adjila souhaite redonner une chance à son couple ; elle rejoint son mari. Néanmoins, elle souhaite maintenir des rendez-vous avec l'éducateur qui l'accompagne car, dit-elle, elle trouve un soutien psychologique dans les échanges et prend du recul dans ce qu'elle vit. Ce fil est maintenu.
En juin 2008, elle formule à nouveau une demande d'hébergement car elle veut penser à elle et non plus à son mari. Elle décide d'engager auprès du JAF (Juge aux affaires familiales) une procédure de divorce.
Adjila souhaite apprendre ; elle va régulièrement à la bibliothèque chercher des livres pour aller à la rencontre du français qu'elle dit ne pas bien connaître. Elle tient compte de nos remarques, pose des questions, veut s'enrichir des rencontres avec les autres. Elle passe avec succès les épreuves pour devenir auxiliaire de vie, puis réussit le concours d'aide soignante après deux échecs. Ce qui a touché les professionnels du CHRS, c'est la personnalité d'Adjila, sa volonté, sa ténacité, son ouverture aux autres. Adjila exprime ce qu'elle a pu trouver au Home des Flandres, la confiance nécessaire pour exister, pour exister en tant qu'individu, pour exister en tant que femme : elle y a compris qu'elle pouvait prendre une place, sa place, ce qu'elle n'avait jamais connu auparavant.
Très respectueuse de notre fonctionnement, Adjila a toujours été présente aux groupes d'expression. Elle déplore d'ailleurs la faible participation des personnes hébergées. Elle y trouve beaucoup d'intérêt car cela lui permet de « progresser », dit-elle. Elle donne son avis, questionne, et nous soumet des idées qui seront retenues au final, par exemple insérer dans le livret d'accueil des dessins d'une bande dessinée (document élaboré au sein de l'association) afin de rendre plus attractifs et abordables les documents. Elle dit : « on n'a pas la patience de lire tout ça quand on arrive ». Mais elle demande aussi de ne pas trop simplifier les mots de ces mêmes documents car « il faut enrichir son vocabulaire », nous incitant même quelquefois à garder ceux qui paraissaient un peu compliqués.

Des paroles **chargées de sens**

Ces trois vignettes illustrent, outre une action engagée dans le cadre de la démarche qualité, un peu du travail quotidien auprès de personnes aux parcours mouvementés, dont la culture et tout particulièrement le rapport à l'écrit sont bien éloignés des nôtres. Leurs difficultés dans l'accès à l'écrit peuvent les exclure encore plus d'une société qui résiste parfois à les intégrer et les accueillir. Si nous n'y prenons pas

garde, nous pouvons nous-mêmes faire preuve de violence, avec les meilleures intentions possibles, en les renvoyant à leur non-savoir.
Charlotte a su dépasser son sentiment de honte : à son arrivée, elle n'avait pas osé dire en recevant livret d'accueil, règlement de fonctionnement puis contrat de séjour, qu'elle ne saurait pas les lire.
Adjila a pu renvoyer que tous ces documents étaient trop lourds, peu attractifs et qu'elle n'avait pas forcément la tête à leur lecture lors de son arrivée.
Samba, quant à lui, nous renvoie de manière très simple mais combien forte que sa priorité c'était d'abord de trouver un toit et qu'il aurait bien pu signer n'importe quoi.
Ces témoignages authentiques nous ont donné une leçon d'humilité par rapport à la démarche engagée de réécriture de ces documents, mais aussi dans notre accompagnement quotidien.
Au total, sept personnes accompagnées par notre équipe ont participé à la réécriture du contrat de séjour et à celle du livret d'accueil. Cela peut paraître peu, mais mobiliser sur un thème aussi ardu et abstrait des personnes dont les préoccupations premières sont plutôt de l'ordre de la survie, était un vrai challenge !
Mais bien sûr, la raison qui explique pourquoi les personnes accueillies se sont livrées avec autant d'authenticité est qu'elles se sont senties suffisamment en sécurité et respectées pour le faire. Ce sentiment sécure est le fruit d'un travail relationnel engagé dès les premiers contacts avec ces personnes au moment de leur admission, par l'ensemble de l'équipe, toutes professions confondues. Cela reste bien là le cœur de notre métier auquel ne peuvent se substituer les procédures, protocoles, grilles d'évaluation, même les plus performants... Les outils sont des moyens au service des personnes que nous accompagnons.
Les personnes qui ont participé à ce travail nous ont également étonnés par leur créativité et leur capacité à proposer des changements, des améliorations. Ainsi, au-delà d'une proposition sur, par exemple, le format des documents papiers afin de les rendre plus attractifs, le groupe a réfléchi à la manière dont notre équipe pourrait accompagner l'accès à ces documents. Des idées pertinentes nous ont été soumises par les personnes hébergées, telles que la proposition de lecture en petit groupe constitué de nouveaux arrivants et d'anciens pouvant faire part de leur propre expérience et faciliter ainsi la compréhension d'écrits qui portent sur la nature de l'accompagnement et des services proposés, sur les droits et les devoirs, etc... Autre exemple, l'utilisation du vidéo-projecteur a été aussi considérée comme facilitante. Lors du groupe d'expression a également été émise l'idée que ces documents seraient plus accessibles et compréhensibles une fois que les personnes accueillies auraient eu le temps de se poser au CHRS. Là aussi une jolie leçon...

Ce travail de rénovation s'est fait parallèlement à l'élaboration par notre équipe d'un guide d'entretien d'admission, à la fois plus adapté et plus respectueux des personnes en situation d'urgence et en grande précarité. Cette démarche s'est inscrite dans la lignée de la réflexion autour de l'intimité. Il s'agissait pour nous de garantir le respect de l'intimité de la personne en situation de demande d'hébergement, notamment en ne l'obligeant pas à dévoiler toute son histoire. Lors de ces entretiens d'admission, la remise des documents, que nous avons modifiés et améliorés avec l'aide du groupe d'expression, appelle une attention particulière de l'éducateur qui conduit l'entretien. La personne rencontrée est-elle en capacité de les lire ou de se faire aider dans son entourage pour les lire ? En ce sens, un travail de reprise et d'explicitation du contenu de ces documents peut se réaliser lors du second entretien d'admission : il faut se donner du temps.
Enfin, au moment de la signature du contrat de séjour qui intervient dans les jours qui suivent l'admission, nous veillons à ce que ce contrat soit bien compris en associant le cas échéant une personne extérieure, qui peut être un proche de la personne accueillie, pour la traduction. En effet, si certains d'entre nous se débrouillent dans un anglais approximatif, il nous est plus difficile de parler russe ou wolof ! L'équipe a ses limites aussi.

La parole, un fil rouge en travail social

L'être humain se construit et se réalise par le langage. Par ailleurs, la parole médiatise le rapport entre deux sujets, mais aussi entre un sujet et une collectivité.
La parole peut viser la pacification ; elle peut avoir un effet civilisateur, socialisateur. Elle permet de s'affirmer, de faire passer ses pensées, ses émotions ; elle est aussi un moyen pour faire connaissance, pour satisfaire sa curiosité. Mais elle peut être également excluante, en déterminant une cohésion en opposition à un autre groupe exclu par ce même mouvement. Ainsi, la parole peut-elle être mise au service de la socialisation comme de la destruction.
Elle est aussi un mélange de plaisir partagé et d'obligations, comme celle de communiquer pour se faire accepter. Et, dans le champ du travail social, l'entrée dans la parole est censée s'effectuer assez souvent sur un mode conventionné.
C'est peut-être actuellement le véritable enjeu de l'action sociale : ne pas dénaturer l'acte de parole, ne pas réduire la parole à une fonction, ne pas banaliser l'accès à la parole, mais bien au contraire lui redonner toute sa valeur, son sens, ses dimensions, en la replaçant dans l'axe du temps qui est propre à chacun d'entre nous. La perspective clinique s'articule ici dans la prise en compte du sujet là où il est, et non là où nous (ou les commandes sociales) voudrions qu'il soit.

L'accès à la parole, dans les conditions identifiées ici dans cet exemple concernant la participation au groupe d'expression, permet d'éclairer finalement la demande de l'usager en saisissant à qui s'adresse cette demande et en identifiant la dimension du transfert. Car le travailleur social doit faire cet effort de se laisser destituer de son statut de « celui qui sait », à l'image du « sujet supposé savoir » lacanien. Les exemples issus de ce travail sur les groupes d'expression l'ont bien montré : ce décalage de position, peut-être utile dans un temps, doit laisser la place à une autre façon d'être ensemble, où chacun, hébergé comme professionnel, se présente avec ses compétences et ses limites. Le travailleur social n'est pas ce qui manque à l'usager. Sa demande est ailleurs, mais se construit dans le rapport engagé avec lui.
Le travailleur social ne peut s'extraire du champ de la parole, il est son terrain de travail. La parole permet de s'inscrire dans la réalité relationnelle, sociale aussi ; elle fait « fil rouge ». L'exemple de l'utilisation des temps formels de parole prévus par la loi 2002-2 montre comment des outils peuvent être mis au service de la personne, dans une dimension clinique ●

La parole par le geste (6/8)

Sophie **Ansart,** Philippe **Crognier**

Quand le travail social est une histoire sans parole

Six adolescentes de l'ASE

On dit très souvent que l'oral est un outil fondamental pour le travailleur social. En ce sens, nous avons réalisé une étude expérimentale pour *Le sociographe* afin d'essayer de savoir si cette position est également partagée par les usagers, si ce mode de relation est identifié comme faisant partie intégrante de « la boîte à outils » du travailleur social ou si, au contraire, cette modalité n'est pas reconnue comme telle.

> S. Ansart est responsable du Pôle VAE à l'IRTS Nord-Pas de Calais (59). Mail : sleduc-ansart@irtsnpdc.fr
> P. Crognier est Directeur de la recherche et de l'évaluation à La Sauvegarde du Nord (59). Mail : pcrognier@lasauvegardedunord.fr
Ils sont membres du comité de rédaction du *Sociographe* et coordonateurs de ce n°37.

Nous avons également voulu apprécier dans cette étude, aussi modeste soit-elle, la place accordée par les usagers à l'oral… si place il y a, bien entendu.

Rencontre avec des adolescentes en foyer d'hébergement

Décembre 2010 : nous rencontrons 6 jeunes filles, âgées de 17 à 19 ans, toutes accompagnées dans le cadre de la protection de l'enfance par les services d'une association du Nord de la France (1).
Nous nous présentons en tant que professionnels du travail social et membres du Comité de rédaction du *Sociographe*, en charge de coordonner un prochain numéro. Nous indiquons aux jeunes filles que nous souhaitons « donner la parole » aux bénéficiaires du travail social et que nous allons essayer d'approcher leur perception du travail réalisé au sein du service.
Nous avons élaboré pour cela une méthodologie basée sur un questionnement semi-directif. Ainsi, en partant de 5 questions-sources et de quelques relances (2), nous avons proposé aux jeunes filles de rédiger anonymement quelques idées, phrases simples ou mots, qui permettront de définir le travail qui est fait avec elles par les travailleurs sociaux. Nous leur avons demandé ensuite de déposer ces « messages » dans une boîte, afin de pouvoir les dépouiller de manière anonyme, en vue de poursuivre la réflexion oralement au sein du groupe.
Nous avons enregistré les échanges et pris des notes. Ces échanges ont été réécoutés et leur contenu analysé à l'aide de catégories identifiées au cours de la prise de notes, de nos échanges « à chaud » et de réflexions *a posteriori*.

Et si nous parlions ***d'autre chose ?***

Puisque notre objectif dans cette étude est de mesurer, à partir de la perception des jeunes filles, la place et l'incidence de la parole en travail social, il convient avant tout de préciser le sens que nous donnons à *parole* et en quoi nous la différencions de la notion de *langage*. Ainsi, à l'instar de Ferdinand de Saussure, nous considérons que si le langage renvoie à la notion de code, de signes, la parole renvoie, elle, à celle de corps. Elle est l'utilisation concrète des signes linguistiques dans un contexte précis, elle est donc singulière et renvoie à un acte véritable destiné à un interlocuteur. La parole est ainsi langage incarné et acte non reproductible à l'identique, émanant d'un sujet et dirigé vers un autre sujet. Prise en ce sens, la parole se manifeste alors comme expression des désirs, pensées, émotions, souffrances, aspirations, de la personne qui parle et de celle qui répond. Une parole peut

(1) Il s'agit de La Sauvegarde du Nord.

(2) Voici quelques-unes des questions posées : *En quoi consiste pour vous le travail social, ce qui est fait avec vous ? Ça fonctionne comment ? Quels sont les outils qu'utilisent les éducateurs ? Qu'est-ce qui fait que ça marche ou pas ? Si vous deviez expliquer le travail des éducateurs, que diriez-vous ?…*

être bienveillante, elle peut être également maltraitante ; quoi qu'il en soit, elle est rarement neutre. Et c'est justement la subjectivité qui est censée s'échanger par le vecteur « parole », si tant est que celui-ci soit reconnu par les jeunes filles interviewées comme tel, que nous avons voulu tenter d'approcher.

Cette précision faite, il convient maintenant de révéler et d'analyser le plus justement possible le point de vue des jeunes filles interviewées au sujet de la parole des éducateurs et de l'incidence des échanges verbaux sur elles et sur les projets éducatifs qui sont mis en place à leur égard. Ainsi, très étonnamment, il est apparu d'emblée et de manière assez nette que la notion de parole était absente de leurs écrits et donc probablement absente aussi de leur pensée consciente. Ce fait constaté s'est d'ailleurs confirmé lors des commentaires développés par les jeunes filles dans le second temps, à l'occasion de la discussion collective.

Le travail social, c'est d'abord la résolution d'un problème...

Ainsi, malgré nos questions initiales qui renvoyaient au *comment* et aux *moyens mis en œuvre* par les éducateurs pour atteindre leurs objectifs, tout a fonctionné lors des premiers échanges avec les jeunes filles comme si les finalités du travail social primaient sur les moyens utilisés pour les atteindre. En d'autres termes, seule a semblé compter pour les personnes interviewées la résolution de leurs problèmes, étant entendu que ces problèmes étaient présentés par ailleurs par la majorité de ces jeunes filles comme uniquement d'ordre pratico-pratique (logement, scolarité, justice...). La dimension relationnelle et la parole qui y est associée ont ainsi été exclues par les jeunes filles, volontairement ou involontairement, du champ de la discussion.
C'est plus tard, lorsque les interrogations que nous avons formulées sont devenues plus précises et plus orientées vers la question de la parole qu'est apparu, un peu comme une évidence aux yeux des interviewées, le fait que cette parole revêtait une importance considérable dans la relation avec les éducateurs. C'est à ce moment seulement qu'elle a été repérée comme étant la clé de voûte des relations humaines, et comme très opérante dans ce cadre.
Dès les premiers échanges, nous relevons en effet deux choses : tout d'abord, le premier registre qui apparaît est celui de l'action, le second étant celui du langage. A la question « Qu'est-ce que pour vous le métier d'éducateur ? » est associée systématiquement une réponse générique, inscrite dans le registre large de la « guidance ». C'est ce qu'on retrouve dans les expressions : « ils m'aident », « ils m'accompagnent », « ils nous aident à avancer », « ils nous aident à améliorer notre vie ». A ces expressions va être associée une dimension concrète : « dans mes démarches », « pour trouver un appartement », « avoir un travail », « monter notre projet », « faire les papiers », « un soutien scolaire ».
Cette association semble révéler une définition instinctive de la compétence du

travailleur social par le biais des ressources dites incorporées, selon Le Boterf (1997). Ce sont les « savoir-agir », révélant des aptitudes et qualités intrinsèques du travailleur social qui se manifestent par ces expressions spontanées des jeunes filles interviewées. L'agir prime sur toute autre dimension, mais cet agir est fondamentalement associé à un registre propre à la relation d'aide.

Le second registre émanant des propos des jeunes filles renvoie au champ lexical pour définir et qualifier les échanges verbaux. En effet, les travailleurs sociaux sont considérés comme plus sympathiques et plus performants parce que « ils sont à l'écoute », « on leur raconte notre life », « ils nous conseillent », « ils trouvent les mots », « je la vois pour parler », « ils prennent le temps d'expliquer », « on s'entend mieux avec certains car ils parlent plus », par opposition à ceux « qui ne trouvent pas les mots pour te parler », « qui ne parlent pas », « qui n'ont pas la volonté de le faire, de trouver les mots »... Et finalement, ces expressions sont utilisées par les jeunes filles interviewées pour définir les qualités de ce qu'elles appellent un « bon éducateur »... et pour nous permettre de déduire, *in fine* et *a contrario*, ce que pourrait être, à leurs yeux, un « mauvais éducateur ».
Tout se passe comme si, dans la rencontre avec l'éducateur, la parole allait de soi, en tant qu'initiatrice de toute relation interpersonnelle et spontanée, et sans qu'elle soit considérée comme un moyen ou un outil de travail. Les jeunes filles interviewées ne semblent pas avoir conscience de ce que Rouzel qualifie d'évidence de base : « l'être humain est un être parlant et c'est dans des paroles échangées entre humains que s'ancre avant tout le travail dit social. » (Rouzel, 2001, 4ème de couverture).
Pourtant, alors que nous relevons les vocables énoncés, c'est l'expression de la souffrance psychique qui va révéler le rôle crucial de la parole dans l'acte éducatif. En effet, les jeunes filles conçoivent clairement le rôle de l'éducateur comme intrinsèquement lié à une demande de soutien psychologique auquel l'éducateur répond toujours favorablement : « ils nous aident à oublier notre passé (...) pour pouvoir aller de l'avant », « ils trouvent les mots pour qu'on soit plus fort dans notre tête », « même si on est en colère, ils ne nous lâchent pas, ils nous aident, essaient de trouver les mots », « quand on est calmé, ils reviennent, ils nous parlent »... Les exemples ne manquent pas. L'éducateur est perçu (probablement de manière inconsciente) comme un protecteur « contre la violence psychologique », un panseur des plaies de l'âme et il est instinctivement associé par les jeunes filles à une aide psychothérapeutique.

«Parler n'est pas du travail social... **mais il n'y a rien sans cela** »

Les termes utilisés par ces jeunes filles renvoient bien évidemment à l'usage de la parole en éducation spécialisée, et en même temps à quelque

chose qui, dans les représentations des personnes interviewées, ne relève pas du *faire* à proprement parler, et n'entre pas dans le cadre d'un *travail*, fût-il social. C'est bien sûr ne pas savoir, comme le démontre très bien Austin à travers les analyses centrées sur les énoncés performatifs que *dire*, c'est aussi *faire* (Austin, 1970).
Mais ces expressions font appel également aux éléments qui sont indissociables de la parole. Dans le tableau ci-dessous, nous avons tenté de repérer dans les discours des jeunes filles ce que les différents éléments liés à la parole pouvaient avoir d'attrayant pour ces personnes. Nous avons par ailleurs tenté d'organiser ces éléments autour de cinq catégories que nous avons estimées pertinentes.

	LA PAROLE ANALYSEE A TRAVERS CINQ CRITERES				
	L'espace	**Le temps**	**La posture**	**Le discours**	**Les effets perçus par les jeunes filles**
CE QUE LES PERSONNES INTERVIEWEES SOULIGNENT ET APPRECIENT	La pluralité des espaces de paroles, qu'ils soient institués (le bureau, les espaces individuels et collectifs du foyer) ou non institués (les couloirs, dehors, en voyage, chez une amie…).	- Les échanges de paroles peuvent avoir lieu à des moments extrêmement variés, qu'ils soient, eux-aussi, institués (rendez-vous, réunions, groupes de paroles) ou non institués (au regard de l'évolution de la situation de chacune des jeunes filles, lors d'une urgence…). - La possibilité de traiter l'entièreté d'un sujet et de prendre une décision en un même moment. - Les échanges avec l'interlocuteur sont immédiats.	- Le contact direct et physique avec l'interlocuteur. - Le saisissement lors d'échanges de paroles d'éléments extra-langagiers signifiants (ton, mimique, gestuelle…). - Le caractère unique et individuel de la rencontre. - Le côté confidentiel de la parole.	- Les discours oraux offrent davantage de souplesse et de possibilité que les discours scripturaux : possibilité de revenir en arrière, de changer de mots, de ton, de construire progressivement son argumentaire au regard des réactions de son interlocuteur… - L'oral permet une liberté de ton que ne permet pas l'écrit et permet ainsi de gommer une partie de la distance entre les deux interlocuteurs (l'usage du tutoiement permet en partie ce rapprochement).	- Une présence physique rassurante. - Un contact humain que l'on veut digne de confiance. - Une humanité qui fait advenir l'intimité, le secret. - Un soulagement. - Une complicité. - Une reconnaissance de son histoire douloureuse. - Un refuge. - Un point d'appui. - Une invitation à poursuivre ses démarches. - Une sorte de séduction et une émotion parfois indéfinissables. - Le plaisir du jeu.

Ce tableau fait apparaître quelques oppositions fondamentales classiques entre les situations de communications orales et écrites : temps de l'émission/temps de la réponse ; éloignement ou proximité du récepteur ; échange ou non-échange… On peut distinguer ainsi de la communication immédiate (celle où locuteur et interlocuteur sont présents) la communication différée (celle où locuteur et interlocuteur sont séparés dans le temps et/ou l'espace), et on peut définir dans ce cadre l'écrit comme un message retardé et l'oral comme un message instantané en prise directe avec le travail « réel ».

Il faut ajouter à cela trois éléments qui montrent en quelque sorte que l'oral, bien que présenté par les jeunes filles interviewées en partie comme indéfinissable et comme n'ayant rien à voir avec le travail social, occupe finalement une place de choix dans leurs représentations et dans leur quotidien en institution. Le premier élément est la force que ces jeunes filles confèrent à la parole face à l'écrit (oral et écrit qu'elles opposent régulièrement, d'ailleurs) ; le second est la conséquence désastreuse que peut avoir une parole maladroite prononcée à leur égard par les éducateurs ; et le troisième, enfin, est la préférence de la majorité des jeunes filles interviewées pour la qualité des échanges oraux avec les éducateurs plutôt que la compétence de ces derniers dans la résolution de problèmes pratico-pratiques.

Ainsi, les échanges avec les jeunes filles nous ont amenés à aborder la question des rapports écrits qui sont réalisés par les travailleurs sociaux et qui sont parfois, avant transmission aux équipes ou aux représentants institutionnels, montrés aux personnes concernées, pour information mais, finalement, surtout pour avis. On s'aperçoit alors qu'assez régulièrement les jeunes filles demandent des rectificatifs aux éducateurs lorsque les informations leur paraissent erronées et également lorsque des informations qui relèvent selon elles de l'intime, du privé, apparaissent dans ces écrits. Dans ces cas de figure, c'est finalement la parole et la relation qu'elle induit qui a le dernier mot sur l'écrit. En d'autres termes, ce qui a pu se dire oralement entre l'éducateur et la jeune fille est presque marqué du sceau du secret et ne peut être livré à la lecture dans un quelconque document écrit. Pour le dire autrement encore, ce qui peut se dire ne peut pas toujours s'écrire.

Les paroles maladroites en éducation spécialisée, lorsque éducateurs et usagers sont en prise directe avec le quotidien, ne manquent pas, on le devine. Pour autant, les jeunes filles interviewées ont mis en évidence dans leurs propos l'incidence contreproductive de paroles malheureuses, du genre « tu te démerdes » ou « j'ai pas que ça à foutre » ou encore « t'as qu'à prendre une feuille et t'écris ta question »… Ainsi, même si une proximité de langage entre éducateur et usager n'est pas pour déplaire à certaines jeunes filles interviewées, il reste qu'il est une frontière à ne pas dépasser, sous peine de casser la relation, de remettre en cause la confiance durement gagnée, et de détruire en même temps le travail éducatif qui était en cours de réalisation. Les jeunes filles interviewées ont implicitement conscience ici que la parole et ses corollaires peuvent avoir un puissant effet en travail social, dans un sens comme dans l'autre d'ailleurs.

Nombre de jeunes filles, enfin, ont montré à travers leurs discours l'intérêt qu'elles portent aux éducateurs qui trouvent les mots pour leur parler et qui, d'une certaine manière, utilisent un langage ayant quelques traits communs avec le leur. Cette réalité est pour le moins singulière en ce sens où ce n'est plus à ce stade la capacité de l'éducateur à résoudre les problèmes concrets de stage, de scolarité, de logement, par exemple, qui prime, mais bel et bien la qualité de la relation que certains éducateurs ont pu tisser avec elles… et vice versa.

Mais les propos des jeunes filles interviewées montrent qu'il faut du temps pour que cette relation puisse s'établir, à tel point d'ailleurs que certaines d'entre elles refusent d'engager toute discussion, et donc tout processus éducatif, avec des étudiants en stage d'éducateur. « Trouver toujours les mots à dire, c'est plus difficile avec les stagiaires, j'ai moins confiance, y'a trop de changements, c'est carrément pas la peine », a même avoué une des jeunes filles interviewées.

Et si la parole était justement **au coeur du travail social ?**

Dans le contexte que nous évoquons, entre le travailleur social et l'usager se joue (et se noue) une relation difficile, parce qu'imposée : par la présence de l'éducateur, le mandat qu'il reçoit pour se substituer au(x) parent(s) ; il est investi de l'autorisation à faire « pour le bien de l'enfant ».

C'est dire si les conditions d'établissement de la relation éducative ont du poids dans la réussite de cette entreprise. Dans cette optique, nous ne pouvons ignorer une notion qui semble centrale : le transfert. En effet, nous avons vu combien était liée, dans les propos des jeunes filles interrogées, d'une part, la question de la parole et celle de la résolution de souffrances d'ordre psychologique et, d'autre part, la qualité des échanges oraux avec les éducateurs.

Aïchhorn définit le transfert comme une « relation affective que l'enfant noue avec son éducateur, sans affirmer qu'il s'agit précisément de la même chose que dans la situation psychanalytique » (Aïchhorn, 2005, p. 105). C'est en s'appuyant sur cette relation que l'éducateur peut avoir un réel poids dans l'accompagnement, et plus précisément en reportant l'investissement libidinal de l'enfant sur des objets socialement valorisés (« l'école, on a vraiment des difficultés », « j'ai rattrapé 4 ans en 3 ans (...) mais j'ai le CAP », « les maths, je comprenais rien »).

Aïchhorn n'envisage d'ailleurs pas de travail éducatif possible tant que le transfert n'est pas établi et conseille même à l'éducateur de tout mettre en place pour que des sentiments d'inclination pour lui naissent chez l'enfant. « Le transfert, c'est de l'amour qui s'adresse au savoir » nous dit Lacan (2001, p. 243), précisant par là que, dans la cure, le transfert est d'ordre symbolique et que l'intérêt porté par l'analysé à l'analysant est secondaire. Le patient s'adresse à un Sujet supposé savoir en apportant ses mots et... ses maux ! Mais les expressions utilisées par les jeunes filles le montrent bien : l'implication affective est un maillon essentiel de la chaîne éducative.

Cependant, cette relation doit viser *in fine* la séparation du travailleur social et de l'usager.

Ainsi, l'éducateur accompagne le jeune pour s'intégrer dans la société en développant un « principe de réalité capable de décider avant l'acte : gain immédiat de plaisir, déplaisir éprouvé ultérieurement, ou report, renoncement, plaisir ultérieur assuré » (Aïchhorn, 2005, p. 180).

Ainsi, bien au-delà du service rendu, une relation est engagée dont découle une clinique du social : le travail est effectué au plus près des gens, dans le contact et le dialogue. Il s'agit alors de faire quelque chose de cette relation qui se noue, ce qui équivaut à garder une vigilance accrue quant à son implication personnelle, sa place, son positionnement. Et les travailleurs sociaux ne sont pas exempts de questionnements personnels : tout professionnel porte lui-même le fardeau de son histoire, son émotivité, ses représentations, ses convictions politiques, religieuses… Les relations avec les usagers, les collègues, la hiérarchie, les partenaires, les politiques, reposent sur la dynamique de la rencontre et exigent un effort constant.

Déni et faux-semblants ? Le jeu des interprétations

Les propos recueillis lors de notre rencontre avec ces six jeunes filles, relevant de l'aide sociale à l'enfance et placées en foyer d'hébergement, ont été pour le moins surprenants. Ainsi, qu'elles considèrent le travail social comme étant en prise directe avec le « faire » s'inscrit assez facilement dans l'ordre des choses, certes. Pour autant, que ces jeunes filles n'aient pas conscience dans un premier temps que le travail des éducateurs s'effectue à partir des mots et avec la parole de chacun et qu'elles considèrent cette forme d'échange langagier comme étant autre chose que du travail social nous interpellent fortement. Cependant, le modeste travail que nous avons réalisé dans le cadre de cette rencontre nous permet difficilement de nous aventurer sur le terrain des certitudes. Nous proposons donc pour conclure notre article de nous livrer à quelques interprétations qui sont bien évidemment à prendre avec toutes les précautions d'usage.

Tout d'abord, au regard de ce qui a été dit, on ne peut s'empêcher de penser que les personnes interviewées pouvaient avoir finalement très bien conscience de « l'outil parole », de cet instrument manipulé par les éducateurs, et qu'elles aient préféré ne pas en parler et préserver cet espace comme on préserve le voile sur son intimité. Autrement dit, les personnes interviewées pourraient considérer la parole (et ce qui lui est associé) comme trop précieuse pour être réduite à un instrument, un moyen, un outil au service des éducateurs. Les personnes interviewées pourraient ainsi être entrées dans une logique de déni, de scotomisation au sujet de quelque chose qu'elles ne pourraient admettre car remettant en cause la précieuse relation tissée avec l'éducateur et l'institution qu'il représente. Si cette vision des choses avait été conscientisée, elle aurait pu faire apparaître une certaine forme de trahison que les jeunes filles auraient probablement difficilement supportée.

On pourrait également poser l'hypothèse qu'il serait impensable aux yeux des jeunes filles interviewées que la parole, source de plaisir parfois et de sensation tout au moins, puisse être entendue comme étant la matière première d'un travail (travail que d'aucuns perçoivent, notamment à partir de considérations

latines, comme un véritable outil de torture – *tripalium*). Dans le prolongement de cela, on pourrait ajouter qu'il est assez courant dans les représentations de considérer que lorsqu'on parle on ne travaille pas. Et si, au-delà de ce point, les jeunes filles avaient, au fond, un peu honte de donner du travail à quelqu'un, fût-il éducateur spécialisé et payé pour cela ?...
Enfin et tout simplement, il nous faut également poser l'hypothèse que la parole et la relation que celle-ci induit peuvent être à ce point source d'émotions fortes, de troubles, de la part d'un public fragile et fragilisé, qu'elles en deviendraient de fait littéralement indéfinissables. Cela pose bien évidemment la question des mots pour définir la parole...

Quoi qu'il en soit, la parole et ses corollaires sont incontestablement chez les jeunes filles interviewées au cœur de leurs attentes et, même si elles n'attendent pas que cela, c'est tout de même ce qu'elles viennent chercher auprès des éducateurs. Pour autant, cette parole ne peut être assimilée à un travail car, si c'était le cas, c'est probablement toute la magie de la relation qui en serait affectée.
Ainsi, la parole engage probablement plus qu'on ne le pense éducateurs et usagers, et c'est elle qui est vecteur d'humanité et de confiance. Sans échange, pas de relation possible et, au fond, pas de travail social.
Enfin, nous savons que parole et manière de parler et de paraître sont indissociables (3). Ainsi, pour un éducateur, ne pas adapter son niveau de discours à son interlocuteur, glisser vers le verbeux ou l'irrespectueux, prendre les gens de haut, se faire donneur de leçons, bref, « avoir de grands airs » (comme nous l'a très bien dit une personne interviewée), c'est probablement perdre toute chance de remettre en équilibre sur le chemin de la vie les personnes meurtries au plus profond d'elles-mêmes ●

(3) Cf. Bourdieu, 1982.

Bibliographie

Aïchhorn A., *Jeunes en souffrance*, Nîmes : Champ social, 2005

Austin JL., *Quand dire c'est faire*, Paris : Seuil, 1970

Bourdieu P., *Ce que parler veut dire*, Paris : Fayard, 1982

De Saussure F., *Cours de linguistique générale*, Paris : Payot, 1995

Freud, Sigmund. « Eclaircissements, applications, orientations » in *Nouvelles conférences sur la psychanalyse*, Paris : Gallimard, 1971, pp.179-207

Lacan J., *Le transfert, Séminaire VIII*, Paris : Seuil, 2001

Le Boterf G., « Pour une définition plus rigoureuse de la compétence», *Le Monde*, 2 juillet 1997, supplément Initiatives, p. 3

Rouzel J. *Du travail social à la psychanalyse*, Nîmes : Champ social, 2001

La parole par le geste (7/8)

Bruno **Hanse**

Quand la parole blesse

Des dérapages verbaux dans la relation éducative

Sans doute n'a-t-on rien avancé de nouveau ou de bien original en rappelant que le langage est l'outil principal de l'éducateur.

Ainsi, ceux qui ont suivi la formation d'éducateur spécialisé, par exemple, ont abordé la question du langage en travail social et notamment l'importance considérable qu'il revêt dans l'établissement de la relation éducative. En effet, « au-delà des prestations matérielles, au-delà de la nature même de l'aide apportée à des personnes

> B. Hanse est éducateur spécialisé en ITEP (59). Il est titulaire d'un Master 2 en sciences de l'éducation.Mail : brunohse@hotmail.fr

souffrant pour des raisons diverses, l'action éducative se fonde avant tout sur un certain nombre de paroles échangées » (Rouzel, 2000, p. 81).
Pourtant, il n'est peut-être pas inutile de nous interroger sur ce qu'il advient des visées premières du langage quand elles sont soumises à l'épreuve et à l'usure du quotidien. Certes, le langage est l'outil principal de l'éducateur. Les mots de réconfort, d'encouragement, de reconnaissance serviront d'étayage à ce qui se transformera au cours du temps en relation éducative. Mais attention, le langage est un outil à usage délicat. Chacun d'entre nous a pu expérimenter qu'il ne suffit pas de parler pour se faire comprendre et qu'il ne suffit pas que l'on nous parle pour que l'on comprenne forcément ce qui nous est dit, même lorsque l'on est convaincu d'avoir compris le sens du message qui nous est adressé.
Non seulement le langage est un outil à usage délicat mais c'est aussi un outil à usage dangereux dont l'emploi inadapté peut aboutir à des objectifs contraires à ceux que nous nous sommes fixés. En effet, son utilisation malheureuse, qui se concrétiserait par ce que l'on pourrait appeler « un écart de langage » ou « le mot qui dépasse la pensée », peut avoir pour effet de réduire à néant et peut-être de façon irréversible la relation éducative naissante. Dans une telle configuration, le langage a un effet contre-productif car non seulement il rompt le lien éducatif mais, en plus, il a un impact négatif sur la construction identitaire de l'individu en confortant celui-ci dans l'image négative qu'il entretient de lui-même (Cf. Duclos, 2004).

Je voudrais dans cet article rendre compte, dans un premier temps, de quelques réflexions sur l'utilisation du langage en travail social. Je tenterai, dans un second temps, de repérer quelques situations où le langage peut nous éloigner des objectifs que nous poursuivons et devenir un obstacle à la construction de la relation éducative.

Des obstacles à **la « communication éducative »**

S'interroger en tant qu'éducateur sur la place du langage dans nos pratiques éducatives, c'est au moins s'interroger sur la place du langage à un double niveau : le langage au niveau de l'équipe éducative et le langage que nous tenons aux usagers.
Tout d'abord, nous avons eu l'occasion d'expérimenter que l'une des grandes difficultés de travailler en équipe résidait dans le fait de se comprendre. En effet, il ne suffit pas que les membres d'une équipe éducative s'écoutent pour qu'ils s'entendent et il ne suffit pas non plus qu'ils se parlent pour qu'ils se comprennent. Nous percevons là toute l'ambiguïté de la communication. Ainsi, sans remettre en cause la sincérité de chacun, il s'avère que les mots peuvent faire naître l'incompréhension. Cela nous conduit indubi-

tablement à nous poser la question de savoir si en employant les mêmes mots nous parlons forcément des mêmes choses, voire… le même langage. La linguistique apporte quelques éléments de réponse à cette question en précisant que ce qui s'échange avant tout entre les individus ce sont des signifiants, c'est-à-dire la partie matérielle du langage qui s'exprime par sa forme écrite ou orale, et que le signifié, c'est-à-dire le sens du mot, est soumis à la subjectivité de chacun. C'est donc dans un contexte d'imprécision relative, due entre autres à la nature du langage, que vont s'ancrer nos pratiques professionnelles.

Les imprécisions langagières habitent également notre travail de face-à-face avec la personne que nous devons prendre en charge, à ceci près que d'autres facteurs vont venir perturber la compréhension entre l'éducateur et l'usager. Le premier élément à prendre en compte est le niveau de langage employé par les éducateurs. Le vocabulaire utilisé est-il toujours accessible à des jeunes qui ont des carences langagières parfois assez importantes ? Certains jeunes peuvent-ils se reconnaître dans un langage trop éloigné du langage parlé dans leur milieu socioculturel ?
Nous-mêmes, percevons-nous toujours le sens du message que les jeunes nous adressent quand ils s'expriment avec des mots qui ne sont pas les nôtres ? Acceptons-nous seulement de tenter de les décoder pour entrer en communication avec eux ou refusons-nous le dialogue, au nom d'une sacro-sainte posture professionnelle qui voudrait que l'on s'adresse à « l'éducateur » selon un langage conventionnel ?
Pour illustrer mon propos, je citerai à titre d'exemple une expression que les jeunes emploient souvent entre eux pour se saluer et qu'ils adressent parfois à l'adulte : «bonjour-wesch » (retranscription phonétique). En réalité, cette expression reçoit un accueil mitigé chez les éducateurs. Certains la considèrent comme une impolitesse et la trouvent inacceptable alors que d'autres ne se formalisent pas outre mesure et envisagent au contraire cet échange de mots atypiques comme une médiation susceptible de créer un lien éducatif. Dans ce cas précis, nous voyons clairement que notre posture professionnelle, qui est en relation avec notre représentation du métier, peut constituer un obstacle à la compréhension d'un message qui nous est adressé.
Cette réflexion sur la notion de posture professionnelle nous invite indirectement à nous questionner sur notre capacité d'écoute, sur le type de parole que nous sommes prêts à recevoir ou à adresser pour entrer en communication avec l'usager afin d'initier une relation éducative. Il semble qu'adopter une posture trop rigide engendre une écoute trop sélective qui peut nous conduire à l'incompréhension de l'autre lors d'échanges en décalage avec ce que l'usager exprime.
Outre les différents obstacles communicationnels, il existe des situations où

les mots peuvent blesser l'usager au plus profond de lui-même et anéantir une relation de confiance naissante. Dans ce cadre, reprenons ci-dessous deux types de situations possibles.
Les premières correspondent à des moments de la vie institutionnelle où l'usager perçoit des paroles qui le concernent alors que celles-ci ne lui sont pas directement adressées. Ces situations sont rendues possibles lorsque, « anesthésiés » par la routine du quotidien, nous échangeons entre collègues, sans vraiment nous assurer de la qualité et de la confidentialité de nos propos. De telles situations sont dommageables à double titre. Premièrement, les propos perçus, ou l'interprétation qui en est faite, risquent de casser la relation éducative en sacrifiant la confiance que le jeune a accordée à l'adulte ; deuxièmement, si les propos tenus sont négatifs, voire dénigrants, ils risquent de venir conforter le jeune dans l'image négative qu'il a de lui-même. L'expression populaire le dit : « les murs ont des oreilles ». Cette expression n'a certainement jamais été aussi vraie qu'en internat et devrait nous inviter à reconsidérer notre responsabilité de parole au-delà du face à face éducatif.
Les secondes situations, dites « situations critiques », naissent lorsqu'un langage non approprié, voire blessant, est adressé directement à l'usager. L'utilisation du langage dans ces situations particulières est alors pervertie. Celui-ci se transforme en outil dangereux venant faire obstacle à la construction de la relation éducative. Ces situations ont plusieurs causes explicatives que nous pouvons essayer de distinguer.

L'écart du langage dû à des situations conflictuelles

Parmi ces « situations critiques », nous pouvons citer les situations conflictuelles. J'entends ici par « situations conflictuelles » non pas les petits conflits qui, lors d'un rappel au cadre institutionnel opposent l'éducateur et le jeune accueilli et qui marquent, qu'on le veuille ou non, la majeure partie du travail d'éducateur d'internat, mais les conflits qui s'enveniment et qui dégénèrent en situations dites «violentes ». On peut ici recenser de manière non exhaustive différentes situations qui sont susceptibles d'être le point de départ de tensions exacerbées : le refus d'un jeune de partir en stage, un retour tardif dans un groupe d'appartenance, une provocation délibérée à l'égard de tel ou tel éducateur, une bagarre entre jeunes dans des véhicules ou dans un internat, des jeunes fumant à l'intérieur d'un établissement en narguant l'éducateur, un jeune qui s'empare des clefs d'un véhicule de service, des dégradations de matériel (jets de pierres dans les vitres, sauts sur les véhicules…).
Dans ces cas précis, le professionnel a l'occasion d'expérimenter ce que certains auteurs appellent la « dissonance émotionnelle » qui se matérialise

par des conflits intrapsychiques dus à la coexistence de deux sentiments antagonistes. Ce sont, lors de ces moments particuliers, des mots qui dépassent la pensée et, à cette occasion, une parole malheureuse peut être prononcée à l'égard de la personne prise en charge. Il ne s'agit pas ici de justifier l'emploi d'une parole blessante ou stigmatisante mais tout au moins d'essayer de comprendre le contexte dans lequel elle s'exerce, tout en gardant à l'esprit qu'elle est inacceptable dans un cadre professionnel car même si l'individu n'est pas maître de ses paroles il en est tout au moins responsable. C'est à ce moment précis qu'il faudrait arriver à se dire : « Stop ! » ; « Attention, être humain ! » ; « Ne pas nuire ! »… afin de ne pas s'écarter de notre ligne de conduite qui doit résolument s'inscrire dans la bientraitance (Cf. Casanova, 2005).

Cette responsabilité de parole est d'autant plus importante à prendre en compte que du fait de l'asymétrie de la relation éducative, la valeur symbolique des propos de l'éducateur est renforcée par son statut, ce qui augmente bien entendu son impact psychologique sur l'usager.

Des formules langagières contre la construction identitaire

Outre les paroles malheureuses qui peuvent survenir lors des situations conflictuelles, il existe des formules langagières qui hantent les couloirs de nos institutions et qui semblent, tant elles sont souvent reprises, faire partie du vocabulaire éducatif de certains travailleurs sociaux. Je citerai à titre d'exemples deux expressions : « Je ne suis pas là pour t'aimer mais pour t'aider à grandir » ou encore « Je ne suis pas ton père » ou « Je ne suis pas ta mère ». On voit bien sûr poindre, à travers ces expressions, le problème résurgent de l'affectif dans la relation éducative. Pourtant, on ne peut pas faire l'économie de s'interroger sur l'utilité de tels propos, sur leurs pertinences et sur leurs répercussions sur l'image de soi de jeunes qui ont été, pour la plupart, victimes d'un rejet familial et dont des bribes de discours montrent qu'ils ne s'estiment pas dignes d'être aimés. Même si ces propos s'expliquent comme une autoprotection du travailleur social à l'égard de ses propres sentiments, il existe certainement d'autres façons moins blessantes pour se protéger du phénomène de transfert qui s'observe dans toute relation éducative. Il ne suffit pas d'intimer à une personne « Je ne suis pas ton père ; je ne suis pas ta mère ! », ce qui correspond à un rejet et à une coupure brusque, il faut accompagner en douceur mais aussi avec fermeté le passage vers d'autres personnes, d'autres sources de questionnement et d'intérêt. Le danger de telles formules langagières, à part le fait d'être un « prêt-à-penser » qui empêche la réflexion, est de générer chez l'usager une situation de blocage psychologique qui empêchera son évolution et son épanouissement et pourra dans certains cas provoquer des situations extrêmes qui peuvent interdire ce que nous recherchons (Cf. Cifali, 2008).

La parole **pathologique**

Le langage des professionnels peut par ailleurs revêtir des aspects encore plus sombres, d'autant moins pardonnables qu'ils ne s'expliquent pas par une maladresse imputable à des débordements du quotidien mais qu'ils relèvent en quelque sorte de l'acte prémédité, d'une certaine forme de « machination ». Cet usage « perverti » du langage, qui se traduit par des expressions du type « Ce n'est pas tel éducateur qui aurait fait quelque chose pour toi » ou, pire encore, « Pour moi untel n'est pas un éducateur », n'a d'autre but que de déconsidérer un collègue à la fois dans sa pratique et dans ce qu'il représente en tant que personne. Ces paroles, en plus d'être inacceptables d'un simple point de vue relationnel, le sont d'autant plus d'un point de vue professionnel parce qu'elles empêchent les processus identificatoires nécessaires à l'établissement de toute relation éducative (Cf. Chartier, 2004). Comment, en effet, avoir envie de s'identifier à un éducateur qui est insidieusement discrédité par un de ses pairs ? Quelle crédibilité ce professionnel peut-il continuer à avoir auprès des usagers ? De plus, ce genre de propos que J. Danancier (2005) appelle de la « maldisance », définie comme un mode de relation barbare, peut engendrer de la « violence dérivée », c'est-à-dire une violence de la part de l'usager à l'égard d'un salarié de l'établissement, en fidélité à ce qu'a pu lui dire ou laisser entendre un autre membre du personnel. Ces dérapages verbaux, bien qu'inacceptables, trouvent souvent leur explication par de l'épuisement professionnel (burn-out) en partie dû à une sollicitation psychique importante des travailleurs sociaux. Car au-delà des techniques relationnelles nécessaires à l'établissement d'une relation éducative, c'est bien la personne en tant que sujet qui s'investit pour rendre cette relation possible et on peut se demander, finalement, si ce quotidien difficile ne provoque pas à terme une « érosion des compétences communicationnelles d'une part des professionnels du secteur» (Blaevoet, Crognier, 2009, p. 136).

L'art du **bien dire**

Si l'on considère que toute action professionnelle doit intégrer les dimensions du juste et de l'injuste, du bien ou du mal (Cf. Cifali, 2008), nous pouvons dire, pour conclure, que le langage est un outil capable du meilleur comme du pire. Du meilleur, certes, quand il nous aide à atteindre les objectifs que nous nous fixons, c'est-à-dire le développement des capacités de l'autre et de son « mieux-être ». Du pire, également, quand lors de circonstances singulières

il nous amène à blesser l'autre au plus profond de lui-même en le bafouant dans sa dignité humaine.
Ces réflexions nous amènent alors à considérer le travail éducatif comme un art du bien dire et à nous engager dans une réflexivité par rapport à nos paroles, car c'est bien à partir de celles-ci que va s'établir ou non la relation éducative. Aussi pouvons-nous peut-être avancer que la qualité de cette relation repose sur une éthique de la parole ●

Bibliographie

Blaevoet JP. et Crognier P., *Prévenir la maltraitance en institution*, Paris : Dunod, 2009

Casanova R., *Situations violentes à l'école : comprendre et agir*, Paris : Hachette, 2005

Chartier JP., *Les adolescents difficiles*, Paris : Dunod, 2004

Cifali M., « Sentir, penser, aimer : enjeux éthiques des gestes professionnels », *Education permanente*, 175, 2008, pp. 37-46.

Danancier J., *La violence dans les établissements sociaux*, Paris : Dunod, 2005

Duclos G., *L'estime de soi un passeport pour la vie*, Editions de l'hôpital Ste Justine, Université de Montréal, 2004

Rouzel J., *Le travail d'éducateur spécialisé*, Paris : Dunod, 1997

Rouzel J., *La parole éducative*, Paris : Dunod, 2005

CAUSE TOUJOURS...

4/ Ailleurs

Thomas **Léonard**

La parole est à la défense

Au tribunal

Quelle place prend la parole lors du processus judiciaire ?
Un ensemble de recherches a pu montrer à quel point les décisions prises tout au long du processus pénal étaient conditionnées par différents documents écrits.
Dans la continuité du processus d'individualisation du contrôle étatique, un ensemble de dispositifs d'identification de la personne ont permis de rattacher à chaque individu un dossier personnel. A la fin de XIXème siècle,

> T. Léonard est doctorant en sciences politiques ; Ater (Attaché temporaire d'enseignement et de recherches) à l'Université Lille 2. Mail : tl.leonard@laposte.net

la création d'un casier judiciaire national centralisé, notamment conçu pour lutter contre la récidive, s'inscrit dans cette tendance (Cf. About, 2004). Il joue justement un rôle particulièrement important dans les décisions qui sont prononcées par les tribunaux Cf. (Aubusson de Cavarlay, Godefroy, 1985 ; Léonard, 2010). En outre, les différents documents justifiant des garanties d'insertion ou de représentation des prévenus apparaissent également protecteurs contre les peines les plus sévères (Cf. Faget, 2008). Enfin, les décisions prises par les magistrats sont encadrées par le code de procédure pénale et par la jurisprudence.

Pour autant, le constat de cette emprise de l'écrit tout au long du processus judiciaire ne dispense pas de porter notre attention sur la place qu'y prend la prise de parole et sur les effets qu'elle produit sur les différentes décisions qui sont prises. D'une part, parce que la parole prend une place importante dans la production des écrits qui sont à la base des décisions. D'autre part, parce qu'elle est omniprésente lors du procès et dans sa préparation. En nous concentrant principalement sur deux acteurs du procès, les prévenus et leurs avocats, nous analyserons la place de la parole à l'audience et ses conséquences sur le processus décisionnel.

Lors du procès, la parole, ou son absence, est révélatrice des différents enjeux, parfois contradictoires, avec lesquels les acteurs doivent composer. Lors d'une même affaire, les prévenus tout comme les avocats sont parfois tenus d'adapter leurs discours à des acteurs aux attentes antagonistes. Pour les uns comme pour les autres, l'audience correctionnelle crée un contexte dans lequel prendre la parole est simultanément un risque et une nécessité.

Nous expliquerons tout d'abord ce qui est au principe du discours de l'avocat. Celui-ci adapte sa parole à son client lors de la préparation de l'audience afin de l'amener à tenir une version des faits adaptée au tribunal sans jamais la lui prescrire. Ces échanges oraux doivent alors également lui permettre d'évaluer son client, sa fiabilité, la nature de la relation de confiance qu'ils peuvent construire, en fonction de quoi il adaptera son discours à l'audience. Il adapte également son discours aux magistrats par anticipation de leurs attentes et en fonction de ses connaissances concrètes des singularités de chacun d'entre eux.

Nous porterons ensuite notre attention sur les prévenus. Leurs discours varient selon leur perception de ce qu'attendent les juges. Celle-ci diffère selon les prévenus, mais également selon la nature des interactions qui se sont mises en place entre eux et leurs avocats en amont du procès. Mais cette parole « tournée vers les juges » l'est également vers d'autres acteurs aux attentes perçues comme différentes, voire contradictoires : il s'agit notamment des « complices », du groupe de pairs ou de la famille.

Enfin, nous montrerons que le développement d'une justice d'urgence contribue à la reconfiguration de la parole qui est tenue lors du procès.

Dans ces circonstances, la relation de confiance entre l'avocat et son client tend à se construire suivant une temporalité différente, laquelle génère un impact sur la parole produite à l'audience. Elle redéfinit également la manière dont cette parole est perçue. Ainsi, la fusion de trois étapes du processus pénal (engagement des poursuites, jugement, détention) en comparution immédiate favorise la perception par les juges du discours des prévenus comme étant stratégiste, alors que ce discours peut être vu comme la marque d'une « prise de conscience » dans d'autres circonstances.

L'avocat **et son client**

En 1994, Philip Milburn montrait que la construction de la relation de confiance entre l'avocat et son client se construit sur le long terme. Au cours de leurs échanges, l'avocat et son client s'évaluent et ajustent leurs attitudes et discours respectifs en fonction de ceux de leur interlocuteur. La relation de confiance entre l'avocat et son client dépend alors de la nature des échanges qui peuvent avoir lieu entre eux (1).

D'une part, la nature de la relation de confiance influe sur les éléments qu'évoque le client. De l'autre, elle a un effet sur la propension du client à se montrer sincère à l'égard de son défenseur. Ces deux éléments pèsent sur la construction du système de défense et sur l'élaboration de la plaidoirie de l'avocat. Or, lors de l'audience, la plaidoirie de l'avocat est davantage orientée vers le(s) juge(s) que vers son client. La première raison réside dans le fait que, pour obtenir une décision satisfaisante pour son client, c'est le tribunal qu'il faut convaincre. La seconde est que, lors du procès, l'avocat met en jeu sa réputation auprès des magistrats, voire auprès de ses pairs.

Au cours de sa « socialisation professionnelle », l'avocat fait l'apprentissage des tensions qui existent entre son devoir à se montrer convainquant auprès du tribunal (ce qui implique de paraître crédible) et celui de s'adapter au discours de son client (qui n'apparaît justement pas toujours crédible). Le crédit accordé à un avocat dépend de sa capacité à montrer qu'il n'est pas prêt à défendre les thèses les plus invraisemblables et de celle à produire de manière crédible des interprétations alternatives des faits : l'avocat qui dispose de quelques chances d' « imposer » une version des faits paraissant *d'ordinaire* peu crédible est sans doute celui qui, dans les circonstances habituelles, est le premier à signifier au tribunal, d'une manière ou d'une autre, qu'il n'est « pas dupe » des mensonges de ses clients.

(1) Milburn (1994) relève que le client évalue la confiance qu'il peut avoir envers son avocat au fait que ce dernier aille le voir régulièrement en prison et au fait qu'il accepte d'adapter ses honoraires à ses ressources. Réciproquement, l'avocat évalue son client au fait qu'il revienne le voir, qu'il le conseille à d'autres prévenus et qu'il s'acquitte correctement de ses honoraires.

Les interactions avocat/client déterminent ainsi si l'avocat parviendra ou non à faire émerger des éléments mobilisables lors de l'audience et à orienter le discours et le comportement de son client dans un sens acceptable pour le tribunal. Nous l'avons dit : l'une des conditions qui favorise ces éléments est que cette relation se construise sur le long terme (2). D'autres recherches suggèrent que les différents avocats n'ont pas nécessairement les mêmes compétences en la matière, lesquelles sont le fruit d'un apprentissage (Cf. Milburn, 2002).

L'avocat face aux spécificités **du juge**

Lors de la préparation de leurs plaidoiries, les avocats anticipent généralement les attentes particulières des juges. Quand il s'agit de formations collégiales, ils portent essentiellement leur attention sur les caractéristiques du président (3). Tout au long de leur socialisation professionnelle, que cela soit par le biais d'échanges avec leurs confrères ou de leurs expériences professionnelles, les avocats apprennent à identifier les singularités des juges à cette fin.

La manière dont les avocats s'adaptent dépend notamment des fonctions qu'occupe le juge dans d'autres circonstances. Autrement dit, les frontières entre les différents rôles que les juges occupent ne sont pas entièrement imperméables. Pour reprendre les termes analytiques de Goffman, les actes du juge « sont en partie l'expression et le produit d'un soi qui subsiste derrière chacun de ses rôles » (1991, p. 241). Cet aspect n'échappe pas aux avocats.

Lors des audiences, l'un des enjeux pour l'avocat est d'orienter le cadrage de l' « histoire du délit » dans un sens favorable à son client. Il s'agit alors bien souvent d'essayer d'imposer une problématique alternative à celle proposée jusqu'alors, notamment par le représentant du parquet. La connaissance des attentes des décideurs (ici les juges) permet, par anticipation, de proposer un cadrage favorisant une décision clémente.

Les observations et les entretiens que nous avons menés ont laissé voir des différences de stratégie significatives selon les magistrats d'audience. Les juges des enfants apparaissent comme une figure particulièrement favorable aux yeux des avocats, notamment parce que, du point de vue de leurs

---

(2) Certains travaux ont permis de poser l'hypothèse que les décisions plus défavorables à l'encontre des prévenus défendus par des avocats commis d'office étaient la conséquence du fait que ceux-ci, moins payés, pourraient être incités à réduire leur investissement (Ancelot, Doriat-Duban, 2010). Sans exclure cette hypothèse, il faut, à notre sens, également porter son attention sur ce que cette conséquence doit au contexte particulier dans lequel se construit la relation entre l'avocat commis d'office et son client.

(3) Il s'agit pour eux d'une nécessité pratique : s'adapter à trois personnalités singulières et parfois perçues comme très différentes relève en effet d'une gageure. En identifiant un juge qu'ils estiment être l'« acteur-clé » de la décision, les avocats parviennent alors à produire une plaidoirie personnalisée.

pratiques professionnelles, ils sont perçus comme étant davantage réceptifs aux réponses éducatives (Cf. Bastard, Mouhanna, 2008) et plus réticents aux peines d'emprisonnement. Faire valoir à un juge d'application des peines que le prévenu a été particulièrement rigoureux dans l'application de ses peines passées apparaît comme un cadrage privilégié par les avocats quand le président est lui-même juge d'application des peines. A l'inverse, face à un juge réputé pour sa rigueur, ce qui s'avère souvent synonyme de « sévère », les avocats orientent davantage les débats vers les éventuels manques de rigueur de la procédure.
Sur ce point encore, les différents avocats ne sont pas égaux. Nous l'avons dit, l'adaptation aux magistrats se fait par la connaissance concrète de ceux-ci et par l'information véhiculée par les pairs. Les habitués des tribunaux correctionnels, parce qu'ils connaissent davantage les juges qui y siègent, acquièrent plus facilement les compétences adéquates. Ceux qui sont insérés dans des réseaux d'avocats habitués du tribunal correctionnel reçoivent davantage d'informations utiles à leur adaptation personnalisée en fonction des juges. Les avocats spécialisés en droit pénal cumulent généralement davantage que les autres ces deux caractéristiques.

Le discours **des prévenus**

Alors que, à l'audience, la parole de l'avocat est essentiellement adaptée en fonction des attentes supposées des juges, celle du prévenu l'est vers des acteurs aux attentes souvent différentes, voire contradictoires. Ainsi, les audiences sont généralement publiques, et le prévenu, lorsqu'il prend la parole, a bien intériorisé qu'il allait être « jugé » non pas seulement par les juges, mais également par ses éventuels complices et par le public. En conséquence, sa parole est orientée en fonction de ceux qu'il estime le plus opportun de convaincre, même s'il essaie de tenir un discours qui, autant que possible, donnera une image positive de lui-même auprès de l'ensemble d'entre eux.
Ainsi, il ne va pas de soi que le juge soit l'acteur central vers lequel le prévenu oriente son discours. Si beaucoup considèrent que la peine d'emprisonnement est la sanction dissuasive par excellence, certaines recherches ont montré que ce raisonnement faisait abstraction des expériences de vie des justiciables (Cf. Chantraine, 2004). Les sanctions sociales prennent parfois pour eux une place plus importante. Faire tenir ensemble un discours répondant aux attentes des différents agents entrant en interaction est une exigence bien souvent intenable.
Il est fréquent que le prévenu adapte son discours en fonction de ses complices. Le cas échéant, le prévenu anticipe d'éventuelles représailles, ce qui participe à la censure de certains de ses propos. S'il existe une pression sociale qui exerce bien souvent un effet fort et qui oriente les propos du

prévenu dans un sens inadéquat par rapport aux attentes des magistrats, c'est celle qui est produite par la présence du public et, plus précisément, par la présence des familiers du mis en cause.
Suivant nos observations, les attitudes et discours des prévenus varient considérablement selon que ces familiers soient ou non dans la salle. Chez certains jeunes prévenus, la présence en nombre des amis favorise regards et mots adressés au public, bravades et affirmations du « bien-fondé » de l'infraction reprochée. Ces discours, souvent appuyés d'une revendication d'un honneur viril, apparaissent tournés vers le public et sont très probablement contre-productifs dans l'optique de l'obtention d'une décision clémente. Dans ces circonstances, le prévenu se sent bien souvent tenu de prendre partie entre deux légitimités concurrentes et en faveur de celle de son groupe de pairs. De fait, et dans un apparent paradoxe, les individus qui se présentent au tribunal sans soutien se retrouvent favorisés sur ce point.
La présence des parents, et plus spécifiquement de la mère, oriente également les versions des faits des prévenus, bien souvent dans un sens contraire aux attentes de leurs avocats. Il semble ainsi que la présence des parents puisse parfois favoriser les dénégations, lesquelles apparaissent souvent peu crédibles. Plus généralement, au-delà des seules dénégations, la présence parentale oriente le discours du prévenu, lequel l'ajuste de telle manière à ce que sa version des faits lui apparaisse entrer en cohérence avec la perception que ses parents ont de lui.
Enfin, le prévenu adapte son discours en fonction de ce qu'il pense être les attentes des juges. Ici encore, les représentations des prévenus favorisent parfois les dénégations. Nos observations nous amènent ici à faire l'hypothèse qu'ils perçoivent essentiellement le juge comme ayant pour fonction principale de trancher quant à leur culpabilité, ce qui les incite à nier leur culpabilité alors même qu'une telle version n'apparaît pas crédible. Mais les juges sont bien évidemment également les acteurs de la parole portée par le prévenu, en exprimant plus ou moins clairement leurs attentes, en endossant davantage un rôle d' « éducateur », ou en jouant celui de l'acteur impartial et impassible face aux propos et à l'attitude du mis en cause. Les juges, parce qu'ils sont tous des acteurs singuliers, ont également des manières singulières de mener leurs audiences et de décider. Mais, parce que les prévenus ne connaissent que rarement les magistrats qui les jugent, la propension qu'ils ont à prendre la parole « comme il faut » dépend ici encore des échanges avec leur avocat.

Justice d'urgence et parole lors du procès

Depuis une vingtaine d'années, un ensemble de réformes de la justice a été institué, notamment dans une logique managériale. Ces changements se sont notamment caractérisés par des réformes procédurales et organisationnelles visant à améliorer l'efficience judiciaire par l'évaluation des « performances » (Cf. Bastard, Mouhanna, 2007) et à satisfaire une « clientèle », en l'occurrence l'« opinion publique », dans une optique de lutte contre l'impunité. La procédure de comparution immédiate, dont le recours a connu une croissance de 50% entre 2001 et 2005, est un emblème de cette justice moderne en raison de sa rapidité, gage de qualité selon la philosophie managériale. Cette procédure, parce qu'elle est structurée de telle manière que les trois étapes du processus pénal (poursuites, jugement, application de la peine de prison ferme) fusionnent, exerce un effet réel sur la nature de la parole et sur la manière dont elle est perçue.

Pour schématiser, lors des poursuites « classiques », le prévenu est arrêté et poursuivi, puis est jugé et, en cas de peine de prison ferme, il rencontre un(e) juge d'application des peines qui décide, en fonction de la situation du condamné au moment de sa présentation, de l'application la plus adaptée pour la peine. Autrement dit, ce processus se divise en trois temps bien distincts. Avec la procédure de comparution immédiate, ces trois étapes s'emboîtent. La situation du prévenu n'évolue alors pas à chacune de ces trois étapes. Celui qui, par exemple, est sans emploi lors de son arrestation l'est encore lors de l'application de sa peine. L'éventuelle affirmation de sa volonté de s'insérer socialement est alors perçue à l'aune de ce qu'il vient de faire : un délit. La parole du prévenu se retrouve alors dans une impasse. Faire valoir sa volonté d'insertion est perçu comme s'inscrivant dans une stratégie opportuniste de la part de celui qui, 48 heures plus tôt, commettait un délit. Ne pas faire valoir cette volonté, c'est « prouver » aux magistrats qu'ils ont pris la bonne décision en poursuivant par le biais d'une procédure sécuritaire et répressive. La scission du processus pénal en trois étapes n'exclut pas que les prévenus et condamnés se conforment aux attentes des juges de manière opportuniste, mais elle permet de faire valoir leur volonté d'insertion en donnant des gages de celle-ci, ce qui implique un minimum de conformation *réelle* aux attentes des magistrats.

Le développement de la justice pénale d'urgence augmente également la probabilité pour un prévenu d'être défendu par un avocat dont il a fait la rencontre le jour-même. De fait, les conditions nécessaires ne sont pas réunies pour la construction de la relation de confiance entre avocat et client telle que décrite par Milburn. Ce contexte favorise le fait que l'avocat censure la parole qui pourrait être utile lors de ses échanges avec son client, le tarissement des ressources argumentatives auxquelles il pourrait accéder et la libération d'une parole brute du prévenu, lequel a été moins bien préparé à s'adapter aux exigences du tribunal. Les conséquences des récentes réformes judiciaires ont été peu prises en compte, sans doute notamment parce qu'un ensemble de mécanismes participent à les rendre invisibles. Ces effets sont pourtant bien réels et apparaissent en de nombreux points comme allant dans un sens contraire à l' « idéal de justice » que défendent nombre de professionnels de la justice.

Conclusion

Malgré l'emprise de l'écrit sur le cours du procès, la parole y occupe tout de même une place réelle. Celle-ci se construit d'abord en amont du procès à proprement parler, et notamment lors des entretiens entre le prévenu et son avocat. Ces échanges jouent un rôle prépondérant dans la nature des propos qui seront tenus par les différents acteurs à l'audience. Une relation construite sur la durée permet à l'avocat de faire émerger des éléments qui pourront lui être utiles dans la construction de sa plaidoirie. Elle lui permet aussi d'anticiper les propos que son client tiendra à l'audience, et ainsi de construire son intervention de manière adéquate.

En conséquence, les réformes récentes qui visent à améliorer l'efficience de la justice, notamment par le développement de la justice d'urgence, contraignent fortement la constitution de relations satisfaisantes à cet égard. Suivant ce point de vue, le problème que posent les nouvelles politiques judiciaires est moins le fait que les magistrats passent peu de temps sur les dossiers qu'ils jugent ou pour lesquels ils engagent des poursuites que le fait qu'elles suppriment des étapes invisibles et pourtant nécessaires à la construction d'une défense efficace. Celle-ci se construit d'ordinaire dans les intervalles temporels, invisibles, entre les différentes étapes du processus judiciaire.

La parole du prévenu lors du procès dépend également des acteurs (magistrats, avocats, mais également victimes, complices et membres du public) avec lesquels il entre en interaction. La parole du prévenu lors de son procès est alors tournée vers des acteurs aux attentes variées : en ces circonstances, la présence de la famille et des amis peut s'avérer être davantage un handicap qu'un atout, parce qu'elle peut tendre à orienter le discours du prévenu dans un sens contraire aux attentes des juges. Mais ici encore, la capacité du prévenu à s'adapter à ces contraintes dépend du contexte dans lequel il a pu préparer sa défense, et notamment des échanges langagiers avec son avocat.

Finalement, derrière la rhétorique de l'efficacité, les réformes actuelles engendrent des conséquences réelles mêmes si elles sont difficilement objectivables. Essentiellement tournées vers des logiques gestionnaires, elles oublient les objectifs d'expiation et de réhabilitation de la peine.

Il ne s'agit pas pour nous de tenir un discours naïf sur les vertus de la justice « à l'ancienne », mais bien de souligner que l'évaluation des politiques pénales remplit avant tout une fonction qui privilégie l'affichage de la mobilisation des outils de « modernisation » de l'administration judiciaire, davantage qu'elle ne cherche *réellement* à mesurer sa capacité à remplir des objectifs, d'ailleurs de moins en moins clairement définis. Cette fonction participe alors à occulter l'échec de la justice dans ses objectifs de réhabilitation ; réhabilitation qui devient alors accessoire ●

Bibliographie

About I., « Les fondations d'un système national d'identification policière en France (1893-1914) », *Genèses*, 1, 54, 2004, pp. 28-52

Alam T. et Godard J., « Réformes sectorielles et monstration de la modernité », *Politix*, 79/3, 2007, pp. 77-100

Ancelot L. et Doriat-Duban M., « La procédure de comparution sur reconnaissance préalable de culpabilité », *Archives de politique criminelle*, 32, 2010, pp. 269-287

Aubusson de Cavarlay B. et Godefroy T., « Hommes, peines et infractions, la légalité de l'inégalité », *Année sociologique*, 35, 1985, pp. 275-309

Bastard B. et Mouhanna C., « La fonction fait-elle le juge ?», *Archives de politique criminelle*, 30, 2008, pp. 119-134

Chantraine G., *Par-delà les murs,* Paris : PUF, 2004

Faget J., « La fabrique de la décision pénale », *Nouvelle revue internationale de criminologie*, Vol. V, 2008 (http://champpenal.revues.org/3983)

Goffman E., *Les cadres de l'expérience*, Paris : Editions de Minuit, 1991

Léonard T., « Ces papiers qui font le jugement », *Champ pénal/Penal field*,Vol.VII, 2010, (http://champpenal.revues.org/7879)

Milburn P., « L'honoraire de l'avocat au pénal : une économie de la relation professionnelle », *Droit et société*, 26, 1994, pp. 175-196

Milburn P., « La compétence relationnelle : maîtrise de l'interaction et légitimité professionnelle », *Revue française de sociologie*, 43, 1, 2002, pp. 47-72

La parole par le geste

Emmanuelle Gayet photographiée par Hervé Hôte

pour *Le sociographe*, le 24 octobre 2011

POURSUITE

Une lecture brève et subjective de livres et périodiques qui ont contribué à la coordination du dossier, pour suivre, ailleurs, le débat.
Par Sophie Ansart et Philippe Crognier (coordonateurs du n°) et Monique Jeannet (documentaliste).

> Ouvrages

Faire un choix dans les ouvrages dédiés aux mots nous a conduits des sentiers battus vers des voies inédites pour proposer aux lecteurs, curieux de prolonger leur réflexion, un large florilège des possibles : de l'illettrisme au pouvoir des mots, en passant par une anthropologie des voix et une politique des êtres parlants, ce Poursuite vous laissera, pour un temps seulement nous l'espérons, sans voix…

. **La France de l'illettrisme,** par Nathalie Robatel (dir.) (La documentation française, 2010)
Pas moins de quarante contributeurs ont participé à l'élaboration de ce dossier. Celui-ci couvre un spectre assez large puisqu'il va de la définition et de la quantification de l'illettrisme en France jusqu'aux politiques de lutte contre ce phénomène, en passant par la mise au jour du vécu des personnes en situation d'illettrisme. Cet ouvrage montre que la lutte contre l'illettrisme est désormais prise en compte dans la plupart des politiques sectorielles et concerne autant les services publics que les acteurs privés, notamment les entreprises. Il s'agit là d'un ouvrage riche en données multiples, rédigé par des spécialistes en la matière et dans lequel on prend véritablement conscience que l'on peut avoir appris et désappris.

. **Le pouvoir des mots**, par Josiane Boutet (La dispute, 2010)
Cet ouvrage montre que les mots sont loin de fonctionner comme de simples vecteurs de communication, comme l'affirment les tenants d'une conception technicistе ou instrumentale de la communication verbale. Ceux-là mêmes ont tendance, en effet, à réduire la communication à un pur transfert d'informations entre des êtres libres, conscients et égaux. L'auteur de cet ouvrage montre au contraire, à travers 11 chapitres qui prennent appui sur une phrase ou sur un lapsus qui a marqué l'histoire, que les paradigmes naturels ou historiques auxquels se réfèrent les mots, que les champs expérientiels auxquels ils font appel ne sont pas communs à tous et sont bel et bien traversés par des intérêts conflictuels et des contradictions sociales. Cet ouvrage est finalement aussi surprenant que la parole est singulière.

. **Paroles d'illettrés ou sortir du « malentendu »**, par Jean-Pierre Gaté et Christelle Chevallier-Gaté (L'Harmattan, 2010)
Se trouve retracée ici l'histoire d'une recherche collaborative qui associe des acteurs de terrain impliqués dans la lutte contre l'illettrisme et des personnes en situation d'illettrisme. Les auteurs tentent tout d'abord de repérer et d'expliquer les troubles dont souffrent les publics illettrés. Au terme de cette exploration, ils s'interrogent sur les bénéfices que leur travail peut apporter dans le cadre de la formation. La bienveillance du formateur au service de l'estime de soi de l'apprenant est ici

posée comme un préalable incontournable. Cette « phénoménologie des illettrismes » a le mérite de faire percevoir de l'intérieur une sorte d'« attraction/répulsion » que peuvent ressentir certaines personnes au sujet de l'école, des savoirs scolaires, des apprentissages et tout simplement de la lecture/écriture. A n'en pas douter un des objectifs de cet ouvrage est de redonner de la dignité à celles et ceux qui sont sans voix. C'est chose faite.

. **Eclats de voix,** par David Le Breton (Métailié, 2011)
David Le Breton propose une anthropologie des voix au sens premier du terme, non seulement dans son aspect *parole* mais plus fondamentalement dans son énonciation, impliquant l'intégration et la restitution charnelle du souffle créateur de sens, la tessiture, la vibration, qui la rendent si éminemment humaine par les émotions qu'elle peut susciter. Entre parole énoncée et mutisme, du chant au hurlement, David Le Breton nous démontre d'une voix sensible et intelligible combien le souffle initial est créateur de vie, de désir, d'identité et combien il transforme autant qu'il façonne.
A lire à voix haute...

. **La politique des choses, court traité politique I**, par Jean-Claude Milner (Verdier, 2011)
Milner nous propose un plaidoyer contre le discours hyper-rationnalisant de l'évaluation qui, sous des aspects sécurisants et contenants, dans un contexte de crise financière et de multiplication des risques psychosociaux, enferme les individus. Sous le mot d'ordre « évaluation » se regroupent de multiples conceptions, à la source d'un processus de subordination du sujet parlant : de l'agence de notation qui évalue les entreprises au regard de la qualité du dialogue qui s'y déroule, à l'agence de consulting, proposant aux directions des ressources humaines des moyens d'évaluation - d'éviction ? - des salariés.
Une alternative à ce mode de « contrôle » exercé sur les libertés des individus et leur capacité à s'exprimer sous la chappe du médical et du « psy » serait le droit au secret, seul à permettre la déconnexion entre le singulier et le collectif, seul à permettre au faible d'opposer une résistance au fort, la force d'*impénétrabilité* de Kant. Dans ce labyrinthe, la politique est devenue un jeu du « bien communiquer » mettant en scène le « bien-communiquant » face au « bien-écoutant », gouvernant versus gouverné : « coup de cravache de la force, caresse de l'adjectif tranquille (...), impitoyable dialogue de fracture, compensé par le mot social... », le projet commun étant d'expliquer au peuple muselé ce que sont les injonctions des choses et par la mise en œuvre de procédures idoines, de procéder à la chosification ultime, celle de l'insondable intimité humaine.

. **Pour une politique des êtres parlants, court traité politique II**, par Jean Claude Milner (Verdier, 2011)
Dans ce deuxième opus, Milner traite de l'asservissement de l'homme par le discours politique, partant de l'idée que ce dernier peut asservir sans user de brutalité et aider à la vie commune en évitant le meurtre du *pair*... Il s'agit là d'un décryptage du discours politique devenu « coutume locale » entretenant des rapports étroits avec la théâtralité, discours qui introduit dans le labyrinthe des conduites humaines la parole mortifiante comme succédané du meurtre rituel. Telle la tragédie antique, la politique rassemble les êtres parlants en un public, le peuple, et assure la représentation que ce peuple se donne de lui-même.

Sophie Ansart et Philippe Crognier

> Périodiques

Communication orale, parole, expression, langage, silence, peu d'articles dans la presse spécialisée ces derniers temps. Il est visiblement plus facile d'aborder la notion d'écriture, mais quelques trouvailles très éclectiques permettront malgré tout une ouverture du dossier…

Le langage comme expression

Selon Noam Chomsky, le langage est une compétence innée, spécifique aux humains, qui permet le fonctionnement de la pensée. Dans le dossier de ***Sciences humaines*** la pertinence des règles de grammaire universelle et la langue - ou langage - interne, deux concepts énoncés par la *linguistique générativiste,* seraient confirmées par l'étude cognitive du langage et la neurolinguistique.

Un numéro entier de ***Spirale*** questionne, lui, au travers des fonctions symboliques de l'expression, de la fonction cognitive, expressive et émotive du langage, l'existence d'une culture de l'expression à l'école. Il s'agit d'une réflexion « expressiviste » de la langue, c'est-à-dire autour de la conviction selon laquelle la langue doit d'abord servir les besoins expressifs de l'élève.

Terrain nous propose très poétiquement de faire une « excursion » sur l'objet du mensonge où anthropologues, psychologues, sociologues et même un archéologue vont nous accompagner. Il traite le mensonge comme acte de langage, impliquant une capacité représentationnelle détenue en propre par le genre humain. Il s'interroge aussi sur l'existence d'un « parler vrai ». En effet le mensonge sert souvent les discours à toutes les sauces, politique, scientifique, ou même éthique… Mais le mensonge a-t-il toujours la même valeur ? Toutes ces explorations se concluent par une histoire philosophique de l'interdit de mentir dans la tradition philosophique occidentale…

« Quand la langue défaille » : dans ce dossier très complet d'***Enfance et psy***, les auteurs, pédopsychiatres, psychanalystes, orthophonistes, psychologues, éducateurs, chercheurs en sciences humaines et sciences du langage ou encore sociologues, ont choisi de s'interroger sur les défaillances de la langue, vue comme un système de signes permettant la communication, donnée extrinsèque à l'enfant, amené à se l'approprier par le jeu subtil des interactions propres à chaque âge, culture, milieu... Il s'agit d'une dialectique du singulier et du collectif, une vision du développement de l'identité individuelle et sociale qui sont interrogées au travers notamment des modes d'expressions défaillants.

Parole corporelle

DOC' AMP plonge dans une prospection très méthodique de définitions de la communication non verbale et de ses supports. Les différentes valeurs et enjeux communicationnels, les diverses formes d'expression permettent de varier les modalités d'utilisation quand la parole et le langage font défaut. Comment travailler grâce et autour d'elle ? A travers des approches plurielles liées pour beaucoup d'entre elles au travail avec le corps.

Communication non verbale ? ***La nouvelle revue de l'adaptation et de la scolarisation*** se pose une autre question : « La langue des signes est-elle une langue vivante comme les autres ? ». Reconnue officiellement par la loi de 2005, elle est paradoxalement rejetée dans les institutions. Pourtant, dans toutes les langues, prendre la parole ne signifierait-il pas nécessairement adopter une posture physique, mentale et sociale face à des personnes ? Ce questionnement passe par les dimensions linguistique, artistique, anthropologique, pédagogique et même géographique de la LSF (Langue des signes française).

Dans ***Empan***, la parole est associée au corps pour une thérapeutique relationnelle. Les thérapeutes proposent aux enfants -montrant des troubles graves de la personnalité avec une forte problématique relationnelle- et à leurs parents une médiation autour du corps et du langage qui passe par un certain nombre d'étapes où la musique, le jeu et le rite font partie de l'étayage relationnel.

Parole, structure du lien social

Comment se passe la communication quand on n'a pas « les mots pour le dire » ? Le langage structure-t-il l'exclusion des jeunes de certaines cités ? Faut-il maîtriser le langage en dehors de nos propres codes pour pouvoir s'insérer dans une citoyenneté commune ? Le dossier de ***Lien social*** propose de jouer avec les mots (ateliers d'écriture, de communication), de partager les codes (dans une opération intitulée « Dis moi dix mots dans tous les slams ») pour déjouer le déterminisme.

De son côté, un article du ***Journal des psychologues*** traite du langage comme mode d'expression et de mise en œuvre de la confiance au sein des institutions éducatives ou thérapeutiques. Les deux auteurs interviewés à propos de leur livre « Confiance et langage, 2010 », débattent du rôle du langage et de la parole dans l'élaboration de la construction de liens positifs de confiance. La construction de ces liens s'établit à travers les échanges verbaux mais nécessite régulation, partage et compréhension du « récit groupal et de ses ressorts ».

Un autre dossier de ***Lien social*** traite des spécificités de l'entretien téléphonique dans le cadre de permanences téléphoniques d'aide et de soutien. La condition de parole et de relation est alors tout à fait particulière, de par le médium lui-même et la position de chacun des acteurs (appelant et écoutant). La disponibilité doit être totale pour que le lien de confiance se tisse. L'absence de regard et de la présence corporelle laisse la place entière au silence et à la parole qui sont alors les seuls moyens de communication disponibles.

Monique Jeannet

Références dans l'ordre du texte :

Sciences humaines, n°218, août-septembre 2010 : « Le langage selon Noam Chomsky ». Nicolas Journet

Spirale – Revue de recherche en éducation, n° 47, 2011 : « La culture de l'expression »

Terrain, n°57, septembre 2011 : « Mentir »

Enfance et psy, n°47, 2010 : « Quand la langue défaille »

Doc'AMP, n°2 HS , juin 2011 : « La communication non verbale : bases, applications, exemples »

La nouvelle revue de l'adaptation et de la scolarisation, n°49, avril 2010 : « La langue des signes, une langue vivante comme les autres »

Empan, n°79, septembre 2010 : « Groupe Corps et langage pour des enfants de maternelle et leurs parents ». Nathalie Baccomo, Claire Siot Decauville

Lien social, n°974, 27 mai 2010 : « Vivre avec 300 mots ». Joel PLantet, Mariette Kammerer

Le Journal des psychologues, n°203, décembre 2010 - janvier 2011 : « La confiance, le langage et l'institution ». Jean-François Chiantaretto, Jean-Pierre Pinel, Claude Tapia

Lien social, n°1033, 6 octobre 2011 : « Les lignes téléphoniques à caractère social »

RESUMES / ABSTRACTS

Traduction : Sandra Pinto

Cause toujours... De la parole en travail social / Keep chatting... the word in social work

1/ Sur paroles (On words)

L'ineffable

Si « la parole et l'écriture sont les deux portes du langage » (Lavelle), le silence peut être également valorisé dans une approche globale de notre être et de notre *présence* au monde. Il faut souligner l'importance de la langue, tant elle nous constitue, sans toutefois sacraliser le langage (verbalisme), qui demeure soumis à l'esprit critique.

Mots clefs > écriture / langage / parole / réalité

The ineffable

If « the word and the writing are the two doors of language » (Lavelle), the silence can also be valued in a global approach of our being and our *presence* to the world. The importance of language needs to be underlined, insofar as it constitutes us, yet without considering the language as sacred (verbalism), which remains submitted to the critical mind.

Keywords > writing / language / word / reality

Des mots et des sens. Posture, positionnement, évaluation...

Les mots sont importants. Ils le sont d'autant plus qu'ils sont répétés dans un usage quotidien. C'est le cas dans l'intervention sociale et pour les professionnels qui manient une langue bien à eux.
Nous explorerons un mot qui occupe l'espace professionnel actuel : « la posture ». Ensuite, nous regarderons du côté des paroles échangées avec les personnes accompagnées.

Mots-clefs > mot / polysémie / posture

Words and sense. Posture, positioning, evaluation...

Words are important. They are so much so as they are repeated in a daily use. It is the case in the social intervention and for the professionals who make use of a language well of their own.
We will explore a word that takes over the present professional space : « the posture ». Then we will consider the words exchanged with the people followed.

Keywords > word / polysemy / posture

Langue de bois ou pragmatisme ? Esquisse d'analyse du langage de la formation

L'article se propose un double défi. Une étude et une critique, à partir de certaines des méthodes de la philosophie contemporaine, du langage des centres de formation en travail social, en particulier du langage dont la grammaire est organisée par le discours sur les compétences. Il s'agira ici de souligner certaines limites du langage, en montrant qu'il peut constituer un cas de *langue de bois*, et de lui préférer une attitude que nous qualifierons de *pragmatiste*.

Mots-clefs > dogme / formation / langage / stéréotype

Double talk or pragmatism ? An outline of analysis of training's language

The article proposes itself a double challenge. A study and a critique from certain methods of modern philosophy, from the language of social work training centres, particularly from the language whose grammar is organized by the skills' speech. This will be about underlining certain limits of language, showing it can be a matter of *double talk*, and preferring from it an attitude we will qualify as *pragmatistic*.

Keywords > dogma / training / language / stereotype

2/ Une éthique de la parole (A word's ethics)

Parole, quand tu nous tiens...

La parole, qui est tout à la fois finalité, modalité d'interaction et outil de médiation dans le travail social, est complexe. Elle peut permettre de libérer, faire advenir, ouvrir ; mais elle peut aussi être violente, aliénante, destructrice, manipulatrice...
L'auteur montre la multiplicité et la pluralité des postures dans la parole en travail social. Postures qui peuvent nourrir des positions purement prescriptives ou émancipatrices.

Mots-clefs > médiation / parole / posture professionnelle

The joys of the word...

The word, which is at the same time a purpose, an intervention mode and a mediation tool in social work, is complex. It can allow to set free, to make happen, to open up ; but it can also be violent, alienating, destructive, manipulative...
The author shows the multiplicity and plurality of the postures in the word in social work. Postures that may feed purely prescriptive or emancipatory positions.

Keywords > mediation / word / professional posture

Façons de parler, façons de dire

De nombreux ouvrages, de Jacques Derrida à Yvonne Verdier, ont traité des rapports entre la parole et l'écriture, entre la parole et la pratique, au moment où se professionnalisait le travail social. Le passage d'une culture marquée par la transmission orale à une valorisation de l'écriture s'est traduit par une survalorisation du juridique, une multiplication des guides et des dictionnaires de toutes sortes. Mais qu'il s'agisse d'écrit ou d'oral, la question du sens et de la portée des mots continue d'être centrale.

Mots-clefs > langage oral / parole / sens

Manners of speaking, manners of saying

Many books, from Jacques Derrida to Yvonne Verdier, have dealt with the relations between word and writing, between word and practice, when social work was getting professionalized. The transition from a culture marked by oral transmission to a valorization of the writing resulted in an overvaluation of the legal, a multiplication of all sorts of guides and dictionaries. But whether written or oral, the question of words' sense and reach is still a key one.

Keywords > oral language / word / sense

« Ce que parler veut dire »

Même si l'action sociale renvoie à des prestations matérielles apportées à des personnes en souffrance ou en difficulté, il reste qu'elle se fonde avant tout sur les paroles échangées. Dans les pratiques sociales, l'entretien, qu'il soit formel ou informel, individuel ou collectif, revêt alors une importance considérable. Cet article aborde la question de la posture du travailleur social lors des entretiens, mais également le travail préalable à mener dans ce cadre sur les représentations, les préjugés, les intentions inconscientes, les désirs... Un article en forme de plaidoyer pour une formation aux pratiques d'entretien.

Mots-clefs > entretien / psychanalyse / pratique professionnelle

« What talking means »

Even if the social action sends one back to material services provided to people suffering or in difficulty, it still needs above all to melt over the words exchanged. In the social practices, the meeting/appointment, whether formal or informal, individual or collective, takes on a considerable importance. This article approaches the question of the posture of the social worker in the interviews, but also the work to be prepared in this context concerning the representations, prejudice, unconscious intentions, desires... An article shaped as a speech for the defence of a training course to the interview practices.

Keywords > interview / psychoanalysis / professional practice

3/ Paroles de terrain (Field words)

Quand la parole fait advenir le sujet. Un groupe d'expression en CHRS

A travers trois vignettes cliniques, comment l'équipe d'un CHRS a fait vivre l'instance formelle du groupe d'expression afin qu'une parole vraie des usagers s'y formule et permette de réécrire les documents du service.

Mots-clefs > accompagnement / CHRS / groupe d'expression / parole de l'usager

When the word brings the subject about. An expression group in a CHRS

Through three clinical vignettes, how the team of a CHRS (accommodation and social integration centre) has brought life to the formal instance of the expression group so that a real users' word could be formed in it and so as to allow rewriting the service's documents.

Keywords > accompaniment / CHRS / expression group / user's word

Quand le travail social est une histoire sans parole. Six adolescentes de l'ASE

Deux professionnels du travail social rencontrent 6 jeunes filles relevant de l'Aide sociale à l'enfance dans un foyer d'hébergement. Leur objectif est de mesurer, à partir de la perception des jeunes filles, la place et l'incidence de la parole en travail social. Entre reconnaissance du « dire » dans le « faire » et impensé du dire comme outil des éducateurs.

Mots-clefs > adolescence / ASE / parole / représentation

When is social work a story with no word. Six Child Welfare adolescents

Two social work professionals meet 6 young girls under the Child Social Welfare [ASE] in a housing centre. Their goal is to measure, from the young girls' perception, the place and the incidence of the word in social work. Between the recognition of the « saying » in the « doing » and of the unthought of the saying as a tool for educators.

Keywords > adolescence / ASE / word / representation

Quand la parole blesse. Des dérapages verbaux dans la relation éducative

Le langage tient un rôle important dans la construction de la relation éducative. Pour autant, parfois un mot peut déraper en fonction des situations, venir blesser et rester comme une cicatrice dans la vie des personnes

Mots-clefs > éthique / identité / langage / relation éducative

When the word hurts. Verbal excesses in the educational relationship

The language plays an import ant role in the construction of the educational relationship. However, a word may, sometimes, slip, depending on the situation, and hurt and remain a scar in people's lives.

Keywords > ethics / identity/ language / educational relationship

4/ Ailleurs (Elsewhere)

La parole est à la défense. Au tribunal

Lors du procès correctionnel, la parole des différents acteurs est simultanément tournée vers des récepteurs aux attentes différentes, voire parfois antagonistes. Ainsi, les avocats adaptent leurs discours à leurs clients et aux juges, et les prévenus aux attentes des magistrats, mais également à celles d'autres acteurs périphériques (complices, amis présents dans le public ...). Chacun s'engage alors dans un ajustement du discours...

Mots-clefs > avocat / justice / parole

The defense may now speak. In a court of law.

When there's a correctional trial, the word of the various actors is simultaneously oriented to the receivers with different, sometimes even conflicting, expectations. Thus, lawyers adapt their speech to their clients and judges, and the defendants to the magistrates' expectations, but also to those of other peripheral actors (accomplices, friends present in the audience ...). Each person then engages in a speech adjustment...

Keywords > lawyer / justice / word

Photographiquement : La parole par le geste

Hervé Hôte, notre photographe, fait "parler" l'image en nous donnant des photos de ceux qui parlent avec des gestes.
Emmanuelle Gayet, interprète professionnelle, se prête ici à l'exercice de la langue des signes.

Mots-clefs > Langue de signes française (LSF) / photographie

Photographically : The word through gesture

Hervé Hôte, our photographer, makes the image "talk" by giving us photos of those who speak through gestures.
Emmanuelle Gayet, professional interpreter, takes part here in the exercise of sign language

Keywords > French sign Language (FSL) / photography

NOTES DE LECTURE

Les mots sont importants > Précis d'écriture en travail social > Le travail social comme initiation

> Introduction à Michel Foucault > L'infantile, l'enfantin > Confier son enfant > Pour une

approche interculturelle en travail social > Clinique du suicide > Clinique de l'image du corps >

Tally's Corner > "Le principal, il nous aime pas" > Après la démocratie > La politique de la peur

> Les moniteurs-éducateurs en formation > "Si tu dis non, je vais chez mamie !" > Histoires de

familles > L'empathie dans les soins > Soin et subjectivité

Les mots sont importants 2000/2010, par Pierre Tevanian et Sylvie Tissot (Libertalia, 2010, 288 p.)

Pour seulement 13 €, vous en aurez pour votre argent en quantité, qualité et surprises. Voici 31 textes issus de 10 années de travail du collectif « Les mots sont importants », condensé d'une réflexion plus vaste dont on peut avoir une idée sur la toile (lmsi.net).

Eh oui, les mots sont importants ! Derrière cette phrase à la fois simple et évidente, il y a une intention politique et un combat idéologique. Les deux auteurs sont les animateurs du collectif, pour l'un professeur de philosophie et pour l'autre enseignante-chercheuse en sociologie et militante féministe.

Dans la lignée de Orwell et de Bourdieu, nous sommes invités à une critique du langage des dominants qui vise la défense d'une contre-culture anticapitaliste, antiraciste et anti-sexiste.

Ces textes nous présentent une analyse précise des articles de presse et des discours politiques de la dernière décennie : une guerre aux idées toutes faites de la gauche à la droite, du *Figaro* à *Libération,* sans oublier *Le Parisien, L'Humanité* ou *Charlie Hebdo.*

Quelques écarts de langage qui montrent un goût prononcé pour la provocation, comme par exemple : « sans oublier notre petite bite sur pattes nationale, Nicolas Sarkozy » (p. 18). Serait-ce une façon de rendre la monnaie de leur pièce à ceux qui baignent dans la vulgarité à longueur de temps ? Mais est-ce une raison pour se rabaisser à exprimer ce genre de commentaires ?

On voit comment les médias interprètent les sondages et font dire ce qu'ils veulent aux chiffres.

Dans le chapitre « Deux poids, deux mesures », les auteurs nous mettent face à nos contradictions, car il est bien commode de penser que les racistes sont les autres. Le Pen c'est évident mais quelqu'un comme Max Gallo ?

Les médias et les élites politiques sont accusés de participer à la « lepénisation des esprits », à la recherche de boucs émissaires, en stigmatisant les quartiers et les jeunes issus de l'immigration.

Les porte-parole du collectif LMSI justifient les attaques nominatives pour dénoncer l'oppression raciste et hétérosexiste assortie d'une culture médiatico-politique viriliste : Camille Neveux (*Le Parisien*), Raphaël Enthoven (*France Culture*), Philippe Val qualifié d'« autocrate légendaire », Elizabeth Badinter taxée de « fausse féministe », Fadela Amara ; la critique atteint son apogée avec les textes concernant Eric Zemmour ou Alain Soral.

On appréciera quelques formules succulentes : « Le ministère de l'intégration par le jambon » ou « La langue des maîtres se caractérise par une euphémisation de la violence des dominants et une hyperbolisation de la violence des dominé-e-s. ».

Notons que les compliments sont rares : le NPA est quand même salué pour avoir ouvert sa liste à une candidate musulmane et voilée.

Un avertissement adressé au Parti socialiste : pour les prochaines élections, sa seule chance est de miser sur un programme social, s'ilfait campagne sur le terrain de la sécurité, il perd face à Sarkozy.

Le chapitre intitulé « Gros concepts » illustre quelques grands mots ou gros mots des politiques publiques. Par exemple, le terme de *ghettos* qui brouille plus qu'il n'éclaire. La notion de *mixité-sociale* qui sert essentiellement au contrôle social et qui a plutôt favorisé les catégories moyennes ou supérieures par l'ouverture du parc social. La politique de la ville quant à elle est traitée de « misérabiliste et paternaliste ».

La qualité essentielle de ce livre est de nous décaler par rapport à nos grilles habituelles d'analyse. Je relève la pertinence des propos notamment en ce qui concerne l'hostilité vis-à-vis des immigrés construite sur des stéréotypes véhiculés par les médias et les discours politiques. L'article de J. Habermas dans *Le Monde* va tout à fait dans ce sens (« L'Europe malade de la xénophobie », 1 et 2 janvier 2011).

En attendant de lire le livre, allez sur le site (lmsi.net).

Brigitte Portal

Un membre de la rédaction publie :

Précis d'écriture en travail social, par Philippe Crognier (ESF édition, 2011, 127 p.)

Formateur de professionnels en travail social, l'auteur fait le constat des difficultés que nombre de travailleurs sociaux rencontrent dans la production de leurs textes. Il propose ici un précis d'écriture destiné aux professionnels et étudiants en travail social soucieux de se perfectionner dans ce domaine. Les formateurs et cadres d'établissements accompagnant la pratique des écrits et l'écriture des pratiques trouveront également leur compte dans ce petit manuel.

L'auteur considère que l'écriture est constitutive du travail social en cela qu'elle permet de structurer les pratiques quotidiennes, de les analyser et de leur donner sens. Il repère derrière les activités scripturales du secteur, un enjeu important de professionnalisation des travailleurs sociaux. Son propos consiste à remettre en cause l'idée d'une pratique indéfinissable, réservée à la magie créative des « doués pour ça »...

L'auteur choisit ainsi d'aborder cette question sous l'angle réconfortant du « comment apprendre à écrire ? », en précisant les composantes à partir desquelles il est possible de travailler pour que cette compétence scripturale se développe : celle des *représentations*, des valeurs liées à la tâche, celle des *savoirs*, linguistiques, textuels et contextuels et celle des *opérations*. Celle des *opérations* retiendra notre attention de formatrice, car elle reprend en détail certains aspects du fonctionnement de l'écriture dans une dimension d'apprentissage venant s'appuyer sur une stratégie discursivo-textuelle. Les notions de *révision* et de *réécriture* occupent une place conséquente dans le modèle proposé par P. Crognier, en particulier dans les ateliers d'écriture qu'il a mis en place avec des travailleurs sociaux. Les règles éthiques et les tensions à l'œuvre présidant à tout projet d'écriture en situation de travail dans un cadre légal sont précisées au lecteur.

Voilà enfin un ouvrage documenté qui illustre parfaitement ce qu'il recommande pour l'écriture professionnelle : « énonciation explicite, sans zone d'ombre, qui clarifie avec modestie, et va à l'essentiel ». Cet effort de simplification atteint son but : permettre au lecteur d'oser prendre le risque d'aller vers une activité d'« écriture du travail » avec professionnalisme et autonomie, sans laisser d'autres savoir à sa place. Une proposition illustrée en fin d'ouvrage nous invite à « être doué en la matière »... dans le « faire » des ateliers d'écriture. P. Crognier parle un langage compréhensible par tous. Saluons ce précieux précis.

Véronique Sédéfian

******

Joli packaging, malheureusement, le contenu ne correspond pas tout à fait au contenant. L'ouvrage est court et concis. Comme son nom l'indique, il s'agit bien d'un « précis ». L'auteur revient sur les notions essentielles qui permettent de situer l'environnement du sujet : définitions précises de l'écriture, liste des supports écrits utilisés par les travailleurs sociaux, démystification rapide de l'outil « écriture », dix pages d'exercices possibles pour s'amuser entre amis... Je plaisante. Pour finir par des exemples de courriers rédigés par des travailleurs sociaux, accompagnés d'aucune analyse. Oui, c'est court et concis, mais pour un précis l'ouvrage manque à mon sens de précision. L'auteur effleure les questionnements qui peuvent préoccuper les travailleurs sociaux face à la page blanche, mais je ne pense pas qu' « il parvienne à contribuer à l'amélioration des pratiques d'écriture », comme l'annonce la quatrième de couverture...

Pour ma part, je souhaitais approfondir mes connaissances. J'ai rencontré une grosse déception, car cet ouvrage serait plutôt destiné à des lecteurs extérieurs au travail social qui souhaiteraient cerner la place de l'écriture en travail social. Ce petit manuel aurait pu faire partie de la collection « Que sais-je ? », il aurait alors été excellent sous cette forme. Le contenu aurait pu alors être en adéquation avec le contenant. C'est important le packaging.

Michel Jacques

Le travail social comme initiation, par Thierry Goguel d'Allondans et Jean-François Gomez (Erès, 2011, 250 p.)

Deux éducateurs d'origine, l'un devenu Docteur en Sciences de l'éducation et Directeur d'établissement, l'autre Docteur en anthropologie, formateur en travail social et chargé de cours à l'Université, proposent ici le fruit de leur expérience et de leur réflexion commune sur la profession d'éducateur et la formation des travailleurs sociaux.
Le titre de l'ouvrage m'a paru percutant, et l'hypothèse de travail est en effet originale : le travail social et la formation des travailleurs sociaux sont conçus comme des rites d'initiation. L'approche théorique de référence est donc anthropologique ; les auteurs ont voulu privilégier un regard distancié pour réfléchir sur leur propre monde. Ils ont choisi aussi de présenter ce livre sous la forme d'un entretien mené avec chacun d'eux, mettant en question ce que les publications « savantes » peuvent avoir de dogmatique ou de définitif et plaçant ce livre sous le signe de la rencontre.
A priori, ces intentions paraissent intéressantes au regard de la spécificité de notre champ professionnel ; et les auteurs, s'appuyant sur leur expérience et sur leurs grands maîtres, notamment Deligny et Tosquelles, procèdent par « petites touches » pour présenter les fondamentaux de l'éducateur conçu comme un passeur, un éveilleur, qui travaille à partir du triptyque : Accueil, Rencontre, Séparation, et de la notion de ritualisation.
T. Goguel d'Allondans a fait sa thèse sur les rites de passage à l'adolescence et travaille sur trois invariants anthropologiques majeurs : le rapport au corps, à la mort, et la ritualisation du passage. Il présente la situation des adolescents à partir de l'effritement de ces rites de passage et il montre l'importance de passer de l'indéterminé, de l'indistinct, aux responsabilités. Il conçoit l'éducateur qui choisit de travailler avec des adolescents comme un spécialiste des rites de passages qui serait lui-même entre deux rives, peut-être pas tout à fait prêt à passer...
J.F. Gomez évoque quant à lui la ritualisation du quotidien et les rites d'institution avec des personnes en situation de handicap : il s'agit d'inventer des rites sociaux, des formes sociales, des gestes à faire, quand un enfant naît ou pour des cérémonies de deuil par exemple.
Les deux auteurs partagent aussi leur point de vue sur la formation des éducateurs, concevant le processus de formation comme un processus d'initiation, voire un rite de passage pour la plupart des futurs professionnels. Concevant la formation comme une démarche progressive et continue qui suppose tout un travail psychique et relationnel, appuyés sur l'idée que les programmes importent moins que le travail de déconstruction, T. Goguel d'Allondans et F. Gomez insistent sur la nécessité de se décaler, se déloger de ses habitudes de pensée. Il y a là un travail de pivotement à faire et il faut passer plusieurs ponts et plusieurs passages qui conduisent vers une autre identité. Il faut accepter d'être délogé et c'est souvent grâce à un maître énoncent les auteurs, en se demandant où sont passés les maîtres ?...
Ils ont à mon avis une représentation un peu découragée et caricaturale de la formation, où « tout est malmené », mais pour le reste, il me semble que cet ouvrage propose une entrée originale et que cette perspective centrée sur les rites de passage ouvre un regard très intéressant sur nos professions. En revanche, je n'ai pas vraiment apprécié la tonalité donnée par ces entretiens qui sont situés sur un registre oral peu organisé, et qui n'ouvrent pas de réflexion théorique approfondie. A l'heure des DVD ce support m'aurait paru plus judicieux qu'un livre...

Patricia Vallet

Introduction à Michel Foucault, par Jean-François Bert (La découverte, 2011, 125 p.)

Si l'œuvre de Michel Foucault fait trace et continue de questionner et de relancer la recherche dans de nombreux champs, l'ouvrage de Jean-François Bert nous donne l'occasion d'interroger en retour et *a posteriori* le discours de celui qui entendait remettre en questions les conditions de possibilité d'un énoncé. En lisant cette brève et bonne synthèse des pensées et du style foucaldiens, une question nous vient : qu'est-ce que

Foucault lui-même, presque un demi-siècle après la parution de *Les mots et les choses*, aurait pu écrire à propos de ce qu'il nous a laissé ?
Bien sûr l'auteur ne répond pas directement à cette question -ce qui nous dispenserait de le faire-, mais la manière dont il retrace les idées chères à Foucault et l'écho qu'elles rencontrent dans l'actualité nous amènent à constater une certaine opérationnalité des axes construits par le philosophe. Avec habileté, Jean-François Bert a élaboré cette introduction de façon à ce que le lecteur puisse lui-même opérer des rapprochements entre la pensée de Foucault et l'évolution des liens entre politique, savoir, corps et sujet. De telle manière que si ces liens ont connu de profondes mutations depuis la mort de Foucault, c'est toute leur « problématisation » qui s'en trouve transformée. Pour Foucault, la problématisation consiste à se demander comment quelque chose qui était déjà là est devenu, à un certain moment, un problème, et comment la problématisation a changé la chose même. C'est à partir de là qu'il interroge l'histoire de la folie, de la prison ou encore de la sexualité. Mais la question reste entière : comment, rétroactivement, la réception du travail de Foucault nous éclaire-t-elle sur ce qui a permis que son propos, ancré dans un contexte historique et politique, rencontre un certain succès ? Et comment ce que nous retenons de son œuvre, suite à cet accueil, voile peut-être une partie de son travail et ce qui animait son écriture ?
Sans revenir sur l'ensemble des points que reprend cette introduction, nous retenons que Foucault n'a jamais cessé de questionner ce qui apparaît comme « vrai » et, dans une moindre mesure, comme juste. Il a essayé de montrer comment le politique, à travers ses dispositifs et institutions, s'appliquait à exercer un contrôle sur les individus qu'il s'agit de maintenir dans un état de productivité. Une partie de son travail a consisté à analyser la manière dont ce contrôle s'inscrit jusque dans le corps des individus qui s'approprient les normes jusqu'à s'en faire les sujets voire à en souhaiter davantage. Les discours sécuritaires alimentés notamment par la peur de la récidive chez les délinquants ou la dangerosité du schizophrène illustrent parfaitement bien la manière dont le pouvoir peut encourager les individus à exiger de lui des lois, qui par ailleurs vont le desservir.
Cette appropriation de la contrainte ouvre un large questionnement sur ce qui fonde la subjectivité : d'un côté, le pouvoir assujettit et donc opère une franche détermination ; d'un autre, le sujet incorpore et fait sien ce qui lui vient de l'extérieur et donc révèle une certaine autonomie. La subjectivation serait alors ce processus qui, à l'articulation du subjectif et de l'objectif, permet de comprendre comment ce qui fait bord et inscrit la limite chez le sujet n'est jamais sans lien avec ce qui, au sein de la communauté, s'érige comme frontière entre normal et anormal. La limite n'aurait alors de sens qu'à être redoublée par une appropriation subjective qui peut lui faire place, l'ignorer ou encore la subvertir. Autant de déclinaisons qui donneront les figures auxquelles les institutions réserveront des sorts allant de l'assistance à la punition.

Vincent Tournier

L'infantile, l'enfantin, par Christian Flavigny (PUF, 2011, 208 p.)

Cet ouvrage aborde la question des liens de filiation d'un point de vue psychanalytique à chaque étape de la vie d'un homme. Depuis l'enfance jusqu'à l'âge adulte en passant par l'adolescence, c'est une véritable aventure qu'on s'apprête à lire. Dès l'avant-propos, on sait que ce livre nous fera voguer sur des eaux tumultueuses.
La mer nous offre plusieurs situations comme l'adoption d'un enfant, la place des grands-parents dans la cellule familiale et les phénomènes incestueux. Certaines notions sont bien explicitées, d'autres nécessitent un travail de recherche. A la suite d'une houle, le voyage s'interrompt. Il faut fermer le livre pour éclaircir ce qui paraît obscur. Une fois remonté à bord, les citations et les exemples s'enchaînent et s'entremêlent, on s'accroche pour comprendre ce que veut dire l'auteur. Malgré les déferlantes, l'auteur aborde la question de la filiation de manière claire et étayée d'exemples.
Cette épopée, quoique déconcertante, nous apprend que chaque enfant contracte auprès de ses parents une dette. Celle-ci éclot lors de la

conception de l'enfant et doit être remboursée pour ensuite être transmise à la génération suivante. C'est l'évolution de l'homme, de l'enfance à l'âge adulte.
A force de persévérance, si on passe outre les nombreuses citations qui peuvent freiner le lecteur dans la compréhension du texte, ce livre est riche d'apprentissages. Il se révèle passionnant. Grâce à son approche psychanalytique, il peut être un bon guide pour tous les travailleurs sociaux.

Noémie Maillot

Confier son enfant, par Catherine Bouve et Catherine Sellenet (Autrement, 2011, 203 p.)

Catherine Bouve est docteur en sciences de l'éducation et responsable du Pôle Formations Initiales EJE/ES à Paris ; Catherine Sellenet est Professeur d'Université en sciences de l'éducation à Nantes. Ensemble, elles ont écrit cet ouvrage qui s'adresse principalement aux jeunes parents à la recherche d'une assistante maternelle. Ce livre leur permet de pénétrer dans le monde des assistantes maternelles et de découvrir toutes les facettes de ce métier. Il ne s'agit pas vraiment d'un guide pratique, mais plutôt d'une étude sur l'accueil du jeune enfant chez l'assistante maternelle et les relations de celle-ci avec les parents et l'enfant qu'on lui confie.
A travers de nombreux témoignages, les auteurs donnent la parole aux parents, aux assistantes maternelles, et même aux enfants par le biais de leurs dessins. Ils retracent également l'histoire d'un métier et d'une fonction sociale qui a toujours existé, depuis bien avant l'antiquité jusqu'à l'assistante maternelle moderne, professionnelle, formée pour faire ce métier.
Les témoignages permettront aux parents de découvrir d'une part le travail et le rôle des assistantes maternelles et des RAM (Relais assistantes maternelles) ; d'autre part les attentes d'autres parents, et de connaître les questions à poser et à se poser lorsque l'on cherche une assistante maternelle pour son enfant, le rôle que l'on veut donner à cette dernière auprès de son enfant… (que choisit-on de déléguer, quelles libertés d'éducation souhaite-t-on lui laisser, quel droit de regard a-t-on sur ce qui se passe chez elle quand elle est avec l'enfant ?)
Au cœur de cet univers, il y a, bien sûr, la qualité des relations parents-assistante maternelle, qui doit de toute évidence être basée sur la confiance des parents envers celle qui s'occupe de leur enfant pendant qu'ils vont travailler. Cette relation est très particulière, incomparable à toute autre relation employeur-employée, étant donné que quand on emploie une assistante maternelle, « l'objet » de l'embauche n'est autre que son propre enfant. Le choix de cette personne, quand il existe, est donc difficile ; il se base bien souvent sur une impression : « elle a l'air bien », « elle ne nous a pas plu ». Les modes de garde alternatifs, c'est-à-dire les micro-crèches, les crèches familiales, les maisons d'assistants maternels ou les jardins d'enfants, sont une nouvelle tendance et se développent de plus en plus en France. Ces modes d'accueil semblent rassurer les parents et ont plus de crédibilité car l'assistante maternelle est davantage vue comme une professionnelle, elle n'exerce plus son métier seule mais en collectivité.
L'ouvrage se termine avec une rapide ouverture sur d'autres horizons : les assistantes maternelles à l'étranger (structures, politiques familiales, conception du métier, etc.).

Emmanuelle Gibert

Pour une approche interculturelle en travail social, par Margalit Cohen-Emerique (Presses de l'EHESP, 2011, 475 p.)

Cet ouvrage propose une approche interculturelle de la pratique professionnelle dans le cadre d'une recherche-action-formation : en dévoilant le quotidien de l'interculturalité, l'auteur nous en expose sa complexité mais aussi le formidable potentiel qu'il représente pour les travailleurs sociaux dans la rencontre avec les populations migrantes.
Des obstacles multiples interfèrent dans la communication interculturelle : ils concernent nos propres processus psychiques aux niveaux corporel, cognitif et affectif ; les processus évaluatifs de catégorisation et de hiérarchisation propres à nos contextes historique, politique et

économique ; ils suscitent des conflits de valeurs, sources de dilemmes et de débats. Ces différents processus sont renforcés ou minimisés selon les choix idéologiques de nos sociétés face à la diversité culturelle. Aussi, la complexité de ces relations ne doit pas être évaluée avec une seule problématique : c'est-à-dire pas seulement comme un manque de savoirs sur les cultures même si les connaissances dans ce domaine sont importantes, ni réduite uniquement à des attitudes discriminantes même si celles-ci accentuent les obstacles, ni en terme de rapport d'exploitation et de domination, qui sont par ailleurs bien présents. Car c'est simplifier cette complexité situationnelle et proposer des solutions tout aussi réductrices et partielles, comme lutter contre les discriminations en évacuant les processus en jeu dans la rencontre ; comme appliquer le principe d'égalité pour tous sans se soucier de son acceptabilité et de son efficacité ; comme nier les conflits de valeurs au nom d'une humanité commune alors qu'il y a dégradation des échanges.

Il est donc nécessaire d'approfondir les présupposés théoriques, idéologiques et institutionnels à partir desquels les professionnels construisent leurs représentations en situation interculturelle : plusieurs hypothèses sont nécessaires pour prendre en compte la multiplicité des variables culturelles mais aussi socio-économiques et politiques en oeuvre dans la rencontre, tant du côté du professionnel que du migrant. En France, les institutions sociales et éducatives intègrent peu les spécificités culturelles car la conception de la République institue un seul cadre légal, celui du droit commun, c'est-à-dire une même législation pour tous. Ce modèle français, très attaché à l'égalité de droit en rejetant le terme de minorité, implique des mécanismes de négation ou d'occultation des différences culturelles variées, même si des ouvertures à la diversité et une politique d'intégration sont en place (contrat d'accueil, lutte contre les discriminations, discrimination positive..). Enfin, les règles juridiques et bureaucratiques organisent les cadres des mandats juridico-administratifs et des missions sociales, cadres qui évoluent en fonction de l'histoire sociale et politique du pays et de ses lois, face à des publics venus d'ailleurs et à des situations n'entrant plus dans le cadre.

Aussi, cette approche interculturelle vise à faciliter l'accompagnement pour les travailleurs sociaux par une meilleure connaissance de soi, une meilleure connaissance de l'autre, une meilleure gestion de leur mission, une amélioration des rapports de leurs institutions avec les migrants. L'intérêt de cette approche réside dans le fait qu'elle ne réduit pas toutes les difficultés et les malentendus à des variables culturelles mais rappelle les facteurs socio-économiques, politiques, historiques à l'origine des attitudes de rejet, de discrimination, de victimisation lors des contacts entre les peuples. Loin d'être un soutien au modèle communautariste qui enferme en fonction des origines, elle démontre la complexité de l'intervention sociale et éducative en milieu pluriculturel et suscite un doute épistémologique chez le professionnel afin qu'il questionne et renouvelle son implication.

Pascale Faure

Clinique du suicide, par Geneviève Morel (dir.) (Erès, 2010, 346 p.)

Doté d'une préface inédite du psychanalyste anglais Darian Leader, il s'agit de l'édition de poche d'un livre paru en 2002. Cet ouvrage collectif, dirigé par la psychanalyste Geneviève Morel, docteur en psychopathologie et psychologie clinique, se compose de dix-neuf articles, contributions de dix-sept auteurs (psychanalystes, philosophes, critiques littéraires et anthropologues). Un glossaire donne les définitions des termes psychanalytiques les plus fréquemment utilisés dans l'ouvrage, qui aurait dû selon nous s'intituler Clinique *psychanalytique* du suicide. Dans le cadre de ces essais, Freud et Lacan sont régulièrement convoqués. Malgré l'appui du glossaire, le lecteur non familiarisé, ou réticent envers la pensée et le langage psychanalytiques, peut éprouver quelque peine à suivre le propos.

Mais il faut plutôt se laisser porter par le livre, dont l'intérêt est de nous sensibiliser à *la parole du sujet*, aux jeux de constructions symboliques qui le guident à son insu, en bref à ce que sa vie a pu signifier pour lui, en amont de l'acte. « Si l'acte est ce qui *veut* dire, c'est qu'il ne dit pas en soi-même (...) L'acte se présente au contraire comme une action opaque mais grosse d'une dimension signifiante, d'un dire dont il faudra ensuite la délivrer » (Morel, p. 15). Et le suicide pourrait être parfois le meurtre, de fait symbolique, d'un autre que soi-même.

Par le « simple » fait de parler du suicide, cette démarche de décryptage peut, dans bien des cas, en protéger. « Aider le sujet à élaborer ce savoir sur soi est un enjeu crucial, non seulement pour réduire les risques d'une récidive, mais aussi pour qu'il devienne le sujet de son expérience et établisse les bases d'un travail sur son histoire, en fait, sur la question de vivre elle-même » (Leader).

Didier Morel

Clinique de l'image du corps, par Eric W. Pireyre (Dunod, 2011, 240 p.)

« L'image que nous avons de notre corps est toujours une image fausse, un mirage obligé » ; cette citation de Nasio donne le ton de cet ouvrage. En effet, le psychomotricien Eric W. Pireyre explique ici comment nous pouvons réfléchir au concept de l'image du corps. Se basant sur des vignettes cliniques, mais aussi en narrant des expériences réalisées auprès de ses étudiants, l'auteur nous donne un panorama de ce qu'il nomme les « sous-composantes de l'image composite du corps ». Ainsi, la peau, le tonus, ou encore les communications corporelles sont analysés des points de vue théorique et pratique. Sollicitant des auteurs tels que Donald Winnicott, Didier Anzieu et Françoise Dolto, le psychomotricien nous amène donc à comprendre les enjeux sociaux et identitaires de l'image du corps chez le nourrisson, l'enfant et l'adulte.

Quelque peu technique, ce livre nous en apprend néanmoins beaucoup sur les manifestations normales ou pathologiques (notamment autisme et psychose) du vécu corporel. Eric W. Pireyre nous propose différents indicateurs à partir desquels nous pouvons évaluer une image du corps pathologique, mais aussi quelles méthodes il est possible d'utiliser dans le cadre d'une thérapie de psychomotricité. Ainsi, la relaxation suscite parfois chez les étudiants des réactions particulières, révélant par exemple des angoisses archaïques de morcellement ou une certaine confusion quant au sentiment de continuité d'existence. Autant d'éléments qui peuvent nous éclairer dans notre pratique auprès de personnes présentant ou non des troubles visibles de l'image corporelle.

Sabrina Boulanger

Tally's Corner. Les noirs du coin de la rue, par Elliot Liebow (PUR, 2010, 157 p.)

Voilà un ouvrage de référence en sociologie américaine que de nombreux sociologues ont étudié dans sa version originale, faute de traduction. Paru pour la première en fois en 1967, *Tally's corner* demeure aujourd'hui encore une enquête ethnographique exemplaire pour comprendre la pauvreté en milieu urbain.

La préface est richement documentée et témoigne de la rigueur de Céline Bense Ferreira Alves, dans son entreprise de restitution des analyses de Liebow. Elle permet aussi de contextualiser à la fois la société américaine, les travaux de la sociologie outre-atlantique et le lieu de l'enquête où vivent les habitants noirs et pauvres de la ville de Washington. Dans ce travail ethnographique, Liebow nous amène à saisir la vie ordinaire d'un groupe d'adultes noirs américains qui passe un partie de son temps au coin d'une rue. À partir de là, il dresse un portrait sociologique de ces hommes noirs, à l'employabilité précaire, aux liens sociaux inter-individuels particulièrement forts et segmentés entre les hommes et les femmes.

Chaque chapitre possède des références précieuses qui font écho à des situations actuelles, comme « Ils me disent que je suis un chien, parce que c'est ce que je suis. Comme tous les autres. On saute d'une femme à l'autre juste comme un chien » (p. 87). Faire des femmes des objets s'inscrit dans un jeu de rapports sociaux de domination dans l'expérience collective de la pauvreté en milieu urbain. Ne pas croire aux relations amoureuses participe à fragiliser la confiance en soi « des hommes noirs du coin de la rue » et à n'accorder qu'une valeur aux *walking buddies*. Les relations d'amitié, elles, rassurent ces hommes tout en créant des dépendances qui ne tiennent pas devant les embrouilles qui font les sociabilités de la rue.

La leçon de sociologie que nous livre Liebow repose sur la déconstruction d'une lecture culturaliste de la pauvreté où « une grande partie de la population pauvre est noire et une proportion plus importante encore des Noirs est pauvre. De plus, on trouve plus de Noirs parmi les très pauvres que de blancs et la pauvreté semble davantage traverser les générations chez les premiers que chez les seconds. Ceci fait que, comme la couleur de peau, la pauvreté paraît être une caractéristique héréditaire autant qu'une condition de vie économique et sociale » (p. 30). Plus que des explications de la pauvreté par la famille et l'éducation, Liebow redonne droit de cité aux aspects économiques et à la violence subie par les personnes non qualifiées et les « travailleurs pauvres ». Ils témoignent des stratégies d'acteurs pour survivre dans le secteur de *Carry-out,* et de toute l'énergie déployée dans un ordinaire de survie pour obtenir le droit à une vie décente, bonheur des gens normaux. Cette quête est urgente et s'affaire dans l'immédiateté de la satisfaction. Les pratiques déviantes, la multiplicité des relations sexuelles s'inscrivent dans ce désir d'accès à « la vraie vie », celle qui ne réduit pas les hommes noirs au coin de la rue.

L'ouvrage est une retranscription rigoureuse d'une réalité sociale contextualisée qui peut pleinement bonifier les pratiques professionnelles des acteurs sociaux intervenant dans ce champ.

Laurent Courtois

« Le principal, il nous aime pas », par Régis Félix (Chronique sociale, 2011, 207 p.)

Régis Félix nous a livré ici un petit miracle d'écriture ! Je perds totalement de mon objectivité quand un auteur parvient à m'entraîner dans son monde. Et quels sont les ingrédients utilisés pour y parvenir ? Une narration réaliste. Pas de recherches universitaires ni d'analyses ethno-socio-politico-psycho-illogiques… Un régal à lire. Mais simplement des brèves de vie. Une année scolaire entière de reportage auprès d'un homme qui exerce la fonction de principal : Victor Mesnil, nom fictif donné au personnage central. Régis Félix nous a donné à lire des chroniques de la vie d'un collège de banlieue en province qui tente, coûte que coûte, de mener à bien l'ambition de la mixité sociale. C'est un livre de militant mais qui n'est pas larmoyant, c'est un livre qui se base sur des faits qui relatent à eux seuls toute la vérité. Le rythme choisi est alerte, les propos plein d'humour, de tendresse, de violence. C'est un témoignage poignant, riche et éclairant… On comprend mieux quels peuvent être les enjeux dans la relation élèves-enseignants, mais aussi ceux qui se jouent entre les enseignants et le principal et qui préfigurent du climat d'un collège…

Cependant, le narrateur qui a souhaité se dissimuler derrière les traits d'un personnage décrit en focalisation externe, n'en reste pas moins un principal, avec son regard de principal, et j'exprimerai ici un seul regret en tant que lecteur : où sont les versions des élèves eux-mêmes, de l'assistante sociale, du juge, des éducateurs et des parents d'élèves ? On n'a ici qu'une version du réel, alors qu'un livre à plusieurs mains nous permettrait de croiser les regards et d'obtenir une vision plus globale des événements décrits.

Arnaud Papin

Après la démocratie, par Emmanuel Todd (Folio, 2010, 258 p.)

A travers la critique que Todd fait de Sarkozy, il nous invite à le prendre au sérieux car il est révélateur d'un état de crise psychologique, idéologique, économique de la société française, même s'il existe des pôles de résistance, en particulier dans la valeur d'égalité du système anthropologique français. Pour lui le « sarkosisme » est un phénomène social et historique dont les cinq traits constitutifs dévoilent les problèmes de fond de la société française et l'ébranlement de la démocratie : la fin des idéologies et le vide religieux, la stagnation éducative, l'exclusion qui peut favoriser la désignation de boucs émissaires, la montée des inégalités et l'atomisation sociale, l'évolution des valeurs familiales.

Quelles en sont les issues : l'ethnicisation du pays ? Le libre-échange contre la démocratie ? Une remontée de la lutte des classes ?
La fin des idéologies et le vide religieux amènent à une angoisse et à une « laïcité désorientée par la disparition de son adversaire catholique » et trouvent dans un « islam fantasmé » l'ennemi « victime sacrificielle de notre mal-être métaphysique, de notre difficulté à vivre sans Dieu, tout en clamant notre modernité » (p. 45). La stagnation éducative amène à une déprime scolaire, à un pessimisme culturel et à un sentiment de déclin. L'accès à la lecture, à l'écriture, à l'arithmétique a transformé l'homme en profondeur qui devient l'homme anxieux de la modernité. « La hausse du taux de suicide a suivi pas à pas le développement de l'alphabétisation » (p. 74). Notre monde est en crise mais, dans le phénomène de « mondialisation », un univers plus élargi se constitue pour les jeunes, même s'ils ont du mal à trouver un travail et à se loger. Si l'alphabétisation mène à la démocratie, pourquoi y a t-il ébranlement des valeurs et pratiques démocratiques ? Le développement des éducations secondaire et supérieure a produit une nouvelle stratification éducative qui a brisé l'homogénéité culturelle de la France. On assiste peu à peu à une fragmentation de la société qui prend la forme d'un millefeuille. Est-ce la disparition de l'égalitarisme français ? Un mécanisme d'exclusion peut-il aboutir à la désignation de boucs émissaires ? Les émeutes de jeunes en 2005, qui traduisaient une révolte sociale et générationnelle, et non pas ethnique, religieuse ou raciale comme on a pu le dire, exprimaient la vieille valeur française d'égalité avec des bandes de toutes les couleurs qui réclament une intégration et non un séparatisme. De manière plus globale, la société française a pris conscience en 2008 que le niveau de vie commençait à baisser et une partie de la population définie comme « supérieure » fait l'expérience d'une baisse de revenus depuis 1996. Existe-t-il pour autant une « conscience de classe » qui pourrait sortir la société de son état d'atomisation ? Rien ne peut l'affirmer. Mais Todd fait le constat que les villes gagnées par la gauche aux dernières élections municipales concentrent des jeunes de niveau universitaire en cours d'appauvrissement. Et les classes supérieures qui ont éjecté les « éduqués sans capital », sont incapables de concevoir les difficultés qu'éprouve le gros de la population. Elles revendiquent une véritable éthique de la non-redistribution (pp. 221-223). Nous sommes à l'ère du capitalisme financier. Selon Todd, le socle anthropologique français ne serait pas en crise car, malgré ces bouleversements, le système familial français perdure et la fécondité est de 2 enfants par femme (p. 242). Par ailleurs, l'égalité des hommes et l'égalité entre hommes et femmes s'opposent moins que dans d'autres pays.
L'intérêt de l'ouvrage est la mise en lien de différentes sources de connaissances (historique, sociologique, statistique, démographique, économique…) pour nous donner un point de vue macro de la société française à ce moment du « sarkosisme ».

Catherine Tourrilhes

La politique de la peur, par Serge Quadruppani (Seuil, 2011, 224 p.)

Voici un livre tout autant militant que rigoureusement renseigné quant à la construction d'une politique de la peur. Par cette dénomination l'auteur entend dénoncer l'empilement des actions sécuritaires au détriment d'une justice pour tous. Cette fabrique commence par l'utilisation des mots comme « terroriste » et des références aux catégories moralement condamnables « délinquants », « chômeurs », « étrangers »...
Si la réflexion porte sur le système politique français, les références en appui à une lecture mondiale permettent de comprendre l'enjeu politique qu'est devenue la peur. Dès la page 8, Serge Quadruppani pose le contexte dans lequel les citoyens se trouvent, à savoir « une certaine idée de la proximité ou de la distance de notre monde avec celui de 1984 de Georges Orwell ».
La situation actuelle qui tend à fabriquer de l'ennemi et de la peur, à partir d'un arsenal législatif et informatif sans commune mesure, prend ses racines au XXème siècle et s'accentue à partir des années 80. Pour l'auteur, le drame du 11 septembre 2001 semble être l'échec annoncé du Warfare,

« un complexe militaro-industriel et de renseignement en même temps qu'une politique économique (...). Il permet de distribuer l'argent aux amis, stimule l'innovation technologique, évite des politiques sociales embarrassantes, a un moindre impact sur l'inflation et dirige la demande du Tiers-monde vers un produit, comme les armes, qui assure la survie des wasp (white anglo-saxon protestant) » (p. 50). Les explications géopolitiques sont assez convaincantes et témoignent de l'influence des politiques outre-atlantiques sur le monde.
Le chapitre 3 « les ennemis de la France » catégorise les différents ennemis que les dernières lois ont fabriqués dans la société française, depuis 2001. Si la gauche a droit à un rappel de responsabilités, c'est principalement la politique des gouvernements de droite qui est épinglée. Aujourd'hui en France, « l'ennemi c'est tout le monde » (p. 111), comme l'écrit l'essayiste. Les figures présentées, « le fou », « l'étranger pauvre », « le jeune », « la prostituée », « le mendiant » ou encore « le Rom » sont celles que les professionnels du travail social et de l'intervention sociale côtoient. Jusqu'où les acteurs des politiques sociales participent de cette « logique folle qui s'est emparée de notre monde, à la fois biopolitique consciente du personnel de l'empire et partie intégrante de sa civilisation mercantile » (p. 123) ? À partir des chapitres 4 et 5, c'est en militante que la plume s'exprime au travers de l'affaire de Tarnac, en novembre 2008, et de celle de César Battisti. Minutieusement, l'auteur rend compte de la fabrication d'ennemis publics dans la sphère politico-journalistique française.
La politique de la peur de Serge Quadruppani trouve pleinement sa place dans cette collection « non conforme » des éditions du Seuil.

Laurent Courtois

Les moniteurs-éducateurs en formation,
par Jean-Frédéric Dumond (L'Harmattan, 2011, 259 p.)

Peut-on être touché, affecté, déstabilisé, débordé... lorsque l'on éduque ? Comment s'articulent transformation de soi (l'éduquant) et transformation de l'Autre (l'éduqué) ? Comment maintenir une bonne distance éducative dans les gestes de la vie quotidienne ?
En réponse à ce questionnement, Jean-Frédéric Dumond, formateur en travail social, réhabilite (dans ce livre sous-titré : « Le partage professionnel des émotions ») la dimension émotionnelle en postulant que « s'impliquer, c'est s'émouvoir ». Or, les affects sont encore présentés dans les formations en travail social comme un obstacle au processus de professionnalisation : un bon professionnel tient ses affects à distance.
A l'appui d'un solide outillage théorique, Jean-Frédéric Dumond démontre l'absurdité d'une telle posture par un minutieux travail épistémologique : un socle documentaire sur lequel il trace l'état des connaissances autour de la notion d'émotion depuis la philosophie grecque jusqu'aux parutions les plus récentes en matière de sciences sociales. Cette historisation aide à saisir l'opposition passion/raison et ses retentissements en matière de travail social. Une étude ancrée dans le réel au travers de citations des moniteurs-éducateurs en formation qu'il associe au processus de recherche par le partage de leurs représentations.
Cette précieuse mise en perspective conduit l'auteur à considérer les émotions non seulement comme un indicateur au service du professionnel mais aussi comme un outil communicationnel efficient. Et de ce point de vue, l'épisode émotionnel sert la réactualisation de la relation éducative : l'émotion comme point de rupture incontournable en éducation spécialisée.
Le « savoir par corps » qu'il emprunte à Bourdieu est un fil conducteur de ce remarquable ouvrage qui crée une rupture épistémique par l'autorisation à aimer et haïr jusque là proscrite en travail social. Jean-Frédéric Dumond invite les moniteurs-éducateurs à assumer leurs émotions dans une discrète tonalité subversive qui renoue avec la fonction de remise en cause des normes par les professionnels de l'éducation spécialisée.

Hayett Chaouche

« Si tu dis NON, je vais chez mamie ! », par
Anne-Solenn Le Bihan (Larousse, 2011, 189 p.)

Anne-solenn Le Bihan, psychologue clinicienne, explore ici le rôle des grands-parents

d'aujourd'hui dans la cellule familiale, cellule qui a bien changé en quelques décennies, conséquence du mouvement de libération des moeurs de la fin des années 1960.
En effet, la famille nucléaire est désormais monoparentale, recomposée et plus récemment homoparentale. A la recherche de stabilité, on se tourne vers les liens intergénérationnels. Les grands-parents occupent désormais une place bien à eux dans la sphère familiale. Ils sont plus actifs, plus disponibles. Plus nombreux du fait de l'allongement de l'espérance de vie, ils sont aussi grands-parents plus longtemps. Les parents confient peu l'éducation des enfants aux grands-parents. Ceux-ci ont davantage le rôle de soutien moral et affectif, mais aussi financier pour aider à payer des études ou soutenir l'entrée dans la vie active des petits-enfants. Pour autant, la tâche des grands-parents n'est pas simple : il faut à la fois représenter un pôle stable dans un modèle familial qui l'est moins, tout en étant jeune, actif, moderne et disponible.
L'auteur se penche sur l'évolution du rôle et de la place des grands-parents selon l'âge de l'enfant. Elle souligne que leur plus grande difficulté est le manque de références car rien du passé ne semble reproductible aujourd'hui, qu'il s'agisse de la famille, de la société ou de la technologie. Les grands-parents doivent donc avoir une grande capacité d'adaptation et accepter de ne pas tout maîtriser. Ainsi, tandis qu'ils répondront à la demande d'une grande présence pour les jeunes petits-enfants, ils devront accepter une véritable « traversée du désert » quand les petits-enfants deviennent adolescents. Plus tard, lorsque ces derniers deviennent à leur tour parents, ils retrouveront une place, en tant qu'arrière-grands-parents.
Cette capacité d'adaptation dont doivent faire preuve les grands-parents pose la question de leur utilité. Anne-Solenn Le Bihan s'interroge sur leur fonction symbolique quant à la construction psychique du jeune enfant, mais aussi sur leurs fonctions d'éducation et de transmission.
Si longtemps les grands-parents ont été éloignés du quotidien des enfants, on pense aujourd'hui qu'ils sont indispensables à leur développement. Les fonctions qu'ils occupent au regard de l'âge des petits-enfants ont toutes en commun d'avoir une influence sur l'identité de l'enfant et de participer à sa construction psychique. De fait, les grands-parents sont une figure repère permettant à l'enfant de s'inscrire dans une chaîne de générations qui le situe lui-même dans son identité.
Enfin, se pose la question de la mort. C'est un sujet qui interpelle bon nombre d'enfants et qui est délicat. C'est souvent par l'intermédiaire des grands-parents que les enfants en ont une première approche. En effet, si aujourd'hui les grands-parents vieillissent en meilleure santé et restent des acteurs très actifs de la scène familiale, c'est bien souvent à eux qu'est dévolue la tâche d'expliquer le vieillissement et la mort, permettant ainsi aux enfants de mettre des mots sur ce qu'ils ne comprennent pas.
Cet ouvrage permet d'aborder le thème de la grand-parentalité et d'en comprendre la complexité. Si les grands-parents sont fortement sollicités en termes d'adaptation et d'organisation, ils symbolisent un fort lien générationnel au sein de la famille.
Au travers d'apports théoriques, de témoignages divers et d'analyses de situations familiales, Anne-Solenn Le Bihan explore les processus psychiques à l'oeuvre chez les grands-parents. Elle traite tour à tour des difficultés éventuelles ou survenues, mais délivre aussi des conseils utiles aux grands-parents et aux autres membres de la sphère familale.

Micheline Labeau

Revues

Histoires de familles (*VST*, 110, 2011)

C'est donc un dossier de 90 pages qui constitue le cœur de ce numéro de *VST*, soit 16 articles agrémentés d'une introduction et d'une conclusion. Les autres contributions sont peu ou pas en rapport avec la thématique annoncée du numéro même si le « bloc-notes », en rappelant l'actualité du mouvement issu de « l'éducation nouvelle » et en se référant au livre de Stéphane Hessel (*Indignez-vous*), pouvait, dans le prolongement de l'éditorial, introduire le sujet et son importance dans les évolutions sociétales que l'on peut observer – car c'est bien de cela dont il est question dans ce numéro. A cet égard, le titre

peut s'avérer trompeur : l'intitulé « histoires de familles » peut faire penser à des histoires de vie (de familles), des récits dont les familles seraient les auteurs à qui on proposerait de se raconter, de témoigner. Mais les témoignages rapportés ici sont tous issus de professionnels. L'idée est toutefois intéressante puisqu'elle part du constat, énoncé dans l'introduction, selon lequel « une prise de conscience semble s'être opérée dans l'éducation spécialisée et le travail social en ce qui concerne la place des familles, des enfants, des adolescents et des adultes accompagnés ou accueillis (…). Et celle-ci génère des pratiques et des dispositifs nouveaux ».
On s'attend donc à un état des lieux de ces nouvelles pratiques, mais avec « ce questionnement en tête » selon lequel ces dispositions et dispositifs risquent de ne s'adresser qu'aux familles les plus modestes soumises à une nouvelle forme de contrôle social, tandis que « les classes aisées jouissent d'une permissivité grandissante quant à l'organisation de la vie privée et de l'éducation des enfants » (p. 18). Un prisme critique qui n'est pas abouti puisque, après avoir postulé que ces changements « vont dans le bon sens », alimentant même un « changement de paradigme progressif », la conclusion admet que « il est vrai, aussi, que ce retour de la famille sur la scène publique et professionnelle a un petit goût réactionnaire : celui de la famille noyau central de la société, espace central de la transmission de valeurs » (p. 106). On annonce que d'autres dossiers traiteront plus tard de ces interrogations.
C'est donc ailleurs que se situe l'intérêt du dossier : dans la succession des témoignages qui rendent compte d'une diversité de pratiques professionnelles et de dispositifs pour aider à « restaurer ce qu'il est maintenant convenu d'appeler leur 'parentalité', cette compétence qui doit se construire ou se restaurer et être accompagnée ». Un catalogue mal indexé puisque le choix a été délibérément fait de « mélanger les textes, de ne pas les classer, ni par profession, ni par angle d'approche ou soubassement théorique ». Avec des contributions trop souvent très courtes qui se limitent, dans ce cas, à des présentations factuelles sans analyse, ou à des problématiques fort complexes qui auraient mérité plus de développements. Au total, au-delà de ce florilège de pratiques dans des contextes très variés, on remarquera une analyse très pertinente des néologismes autour de la notion de parentalité (des idéologies qui ne se dévoilent pas tout en alimentant l'illusion d'un discours commun ; p. 31), des interrogations sur ce que « famille » veut dire (au-delà des seuls parents, voire des mères et des « pères absents ») et des positions éthiques qui permettent de penser un espace évolutif, voire informel, pour s'adapter à la scène de la famille.
Un dossier qui illustre donc la diversité des contextes dans lesquels « la question » se pose du « comment faire » (et que ne disent pas les lois), même si cet exposé des pratiques laisse trop souvent de côté son argumentation théorique, voire éthique.

Didier Lahaye

L'empathie dans les soins (*Santé mentale*, 158, 2011)

Si le dictionnaire définit l'empathie comme « la capacité de s'identifier à autrui, de ressentir ce qu'il ressent », l'approche *Santé mentale* invite pour sa part au fil des contributions à une appropriation singulière de cette capacité identificatoire par les soignants en psychiatrie.
On croyait pourtant le concept d'empathie tombé en désuétude dans le secteur de la santé mentale. Il n'en est rien martèlent les auteurs qui démontrent au regard de leur propre pratique et à l'appui d'un solide fond théorique (philosophie, sciences sociales, neurosciences, psychanalyse...) que l'empathie détient de réelles facultés dans les processus thérapeutiques. Du coup, ils encouragent les équipes soignantes à moins de pudeur émotionnelle prenant ainsi le contre-pied d'une littérature professionnelle qui tend encore trop souvent à disjoindre l'empathie de sa dimension affective pour n'en conserver que son aspect cognitif : comprendre l'Autre sans en être affecté. Ainsi, Serge Tisseron réactualise l'empathie ; en l'ancrant dans les premiers échanges humains, il en fait un enjeu essentiel du vivre ensemble. Plus que cela, précise Marguerite Charazac-Brunel : « Un groupe où les règles éliminent l'empathie liée à l'intériorité entre dans une logique meur-

trière où la vie de l'individu n'a plus d'importance » - un concept contemporain et interdisciplinaire selon Alexis Cukier confirmé par Stefano Bolognini : « l'empathie et la connaissance théorique se complètent réciproquement ». Un dossier qui remet au goût du jour un concept complexe à pratiquer sans complexe par l'ensemble des acteurs du soin et plus largement tous ceux du *care*.

Hayett Chaouche

Soin et subjectivité (*Les Cahiers du centre Georges Canguilhem*, 4, 2011)

Associé au récent et très populaire *care,* quel statut prend le soin dans l'organisation de la santé publique ? Ou plus précisément, quelles sont aujourd'hui ses significations sociales ? Le soin est souci de l'autre, attention portée à sa singularité et forme aujourd'hui un nouvel impératif social : celui d'appréhender le patient dans son individualité et de travailler à partir de son originalité même. Si le soin recouvre désormais une intention éthique qui le différencie d'une pratique jusque là orientée vers la réalisation et l'efficacité de l'acte médical, il revêt pourtant un ensemble de paradoxes et d'ambiguïtés. Le soin contient une double injonction qui est, d'une part, de reconnaître la singularité du patient et, d'autre part, de le constituer en acteur responsable de sa santé.

En effet, la dénomination du soin suppose aujourd'hui la subjectivité, laquelle ne s'avère aujourd'hui pensable que dans la réalisation du soin qui lui est dispensé. La notion de subjectivité requiert alors deux significations. La première considère toute démarche de soin dans une temporalité propre au sujet souffrant. La seconde construit la subjectivité du patient dans un rapport à l'autonomie, c'est-à-dire à la responsabilité des patients chargés de se gouverner eux-mêmes, d'adopter des comportements rationnels conformes aux normes sanitaires actuelles.

Instrument d'autonomisation et de responsabilité, le soin associe donc un ensemble de procédés techniques et un processus de socialisation fondés sur une relation intersubjective. Attention, empathie et subjectivité fondent, par conséquent, les nouveaux impératifs cliniques et éthiques du soin en même temps que le statut d'acteur social et juridique du patient. Le point de vue du patient est alors un objet thérapeutique qu'il s'agit d'appréhender et de solliciter, mais aussi de construire. La question même de la subjectivité s'avère par conséquent ambivalente et conduit globalement vers une éducation thérapeutique visant une normalisation des conduites. C'est ce que montrent les auteurs de cet ouvrage.

En effet, pour Claude-Olivier Doron, lorsqu'il s'agit de « soigner par la souffrance » les auteurs de violence sexuelle, on est face à une « idéologie thérapeutique » construisant les perspectives soignantes. La souffrance des auteurs de violence sexuelle, encore inconnue par eux, est considérée comme à l'origine des passages à l'acte pour lesquels ils se trouvent condamnés. Il s'agit alors pour les soignants de faire advenir cette souffrance, « de faire en sorte qu'ils deviennent sujets de leur souffrance ». Or, comme « signifiant flottant », la souffrance « n'a rien d'une évidence et est souvent le résultat de tout un processus de codage qui conduit un sujet à se subjectiver comme sujet souffrant », souligne Claude-Olivier Doron.

Dans un tout autre cadre d'analyse, Livia Delpry montre comment sont appréhendés en psychiatrie les points de vue des patients dans l'intervention thérapeutique. Ces points de vue sont travaillés collectivement entre patients et soignants afin de développer une subjectivité « acceptable » propre à témoigner d'une capacité à être autonome. Objet de l'interaction, « le point de vue du patient apparaît comme un des effets attendus du groupe, plus que comme un attribut attaché à la personne. Il prend forme au terme d'une négociation entre la manière dont le résident parle et celle dont les soignants l'entendent. » Cette négociation s'articule autour des attentes et valeurs des soignants. Empreinte de moralisation et de disqualification, l'intervention thérapeutique peut s'avérer par conséquent source de normalisation et d'exclusion.

En définitive, les diverses contributions à cet ouvrage collectif montrent comment les processus de subjectivation issus de l'intervention thérapeutique restent étroitement liés à la normativité sociale.

Géraldine Landry

A G E N D A

> Rencontres :

> Le vendredi 16 mars 2012, rencontre avec les auteurs du n°37 (« Cause toujours...») à l'IRTS Nord-Pas de Calais (59) de 14h. à 17h. Entrée libre

> Autres rencontres en partenariat avec *Le sociographe* : voir site internet lesociographe.org

> Prochains numéros (titres provisoires) :

. en mai 2012 > **38/ Du sport dans le travail social**
Parce que le sport occupe une place centrale dans la société et qu'il est convoqué comme remède social, il doit être interrogé dans ses mécanismes de domination, de sélection et d'instrumentalisation avant même de le réfléchir comme outil au service du social.
Une posture critique pour penser une approche du sport dans le social (et réciproquement) que ce soit dans le cadre de politiques « d'activation des corps » ou de projets socio-éducatifs qui utilisent le sport comme outil de médiation et d'intégration sociale.

. en septembre 2012 > **39/ Pratiques et usages de drogues**

. fin 2012 > **Economie sociale et solidaire (Hors-série)**

. en janvier 2013 > **40/ Travail social et Action humanitaire**

. en mai 2013 > **41/ Un jouet pour jouer**

> Ecrivez sur...

. Travail social et Action humanitaire
Dépôt des manuscrits jusqu'au **1er mars 2012**

. Economie sociale et solidaire : pour une justice sociale mondiale ? (hors-série)
Dépôt des manuscrits jusqu'au **1er mars 2012**

. Un jouet pour jouer
Dépôt des manuscrits jusqu'au **5 juin 2012**

Toute l'actualité du Sociographe (parutions, rencontres, appels à auteurs) sur notre site :

www.lesociographe.org

Inscrivez-vous gratuitement à notre lettre d'information

Contact : www.lesociographe.org / 04 67 07 82 73 / lesociographe@irts-lr.fr

ACHAT

Comment se procurer *Le sociographe* ?
(versions papier et numérique)

> Abonnement (version papier) :
par correspondance ou sur www.lesociographe.org

> Bouquet numérique :
www.cairn.info et www.champsocial.com

> Achat au numéro :
- version papier : sur www.lesociographe.org, par correspondance, et en librairie
- e-book (version numérique) : www.champsocial.com

> Achat à l'article :
sur www.cairn.info

Nos tarifs

> Au numéro

La revue (papier) : 10 euros
+ 1,50 euros de frais de port en métropole (3 euros hors métropole)

Les hors-série (papier) : 15 euros
+ 3 euros de frais de port en métropole (6 euros hors métropole)

NB : Frais de port offert à partir de 3 numéros achetés

> Par abonnement :
pour un an : 3 numéros / 30 euros en métropole (33 euros hors métropole)
pour deux ans : 6 numéros / 50 euros en métropole (59 euros hors métropole)

NB : L'abonnement commence automatiquement à partir du dernier n° paru. Il ne comprend pas les hors-séries. Ne peut être résilié avant son terme.

> Tarifs des supports numériques : voir sur sites internets www.cairn.info et www.champsocial.com

NOUVEAUTES NUMERIQUES : e-book / bouquet / achat à l'article
sur www.cairn.info et www.champsocial.com

Le sociographe. 1011, rue du pont de Lavérune. CS 70022. F-34077 Montpellier cedex 3

PARUTIONS

le sociographe

0/ Naissances (épuisé) > **1/ Espaces de médiations** (épuisé) > **2/ Enjeux collectifs et travail social** (épuisé) > **3/ L'histoire en pratiques** (épuisé) > **4/ Proposer le travail ?** (épuisé) > **5/ Ne dites pas qu'ils sont emplois-jeunes, on les croit travailleurs sociaux** (épuisé) > **6/ Arts en travail social** (1) (épuisé) > **7/ Arts en travail social** (2) (épuisé) > **8/ A l'usage de la citoyenneté ordinaire** (épuisé) > **9/ Vieillir ensemble ?** (épuisé) > **10/ De nuit.** Urgences... villes... imaginaires (épuisé) > **11/ Quoi de neuf dans le domestique ?** (épuisé) > **12/ Morcellement du social.** Pratiques, professions, interventions (épuisé) > **13/ Clandestins ?** Face aux situations contradictoires de migrants (épuisé) > **14/ Le retour des nounous.** Regards croisés sur les assistantes maternelles (épuisé) > **15/ Generation-ecrans.com.** La question sociale à l'épreuve du multimédia> **16/ Alter-éco...** Economie plurielle et travail social > **17/ S'habiller.** Socialisation, médiation, corps (épuisé) > **18/ Histoires d'écrire (1)** Ecrire pour penser (épuisé) > **19/ Histoires d'écrire (2)** Imprimer du lien social > **20/ A table !** Restaurer du lien social (épuisé) > **21/ L'expérience est-elle qualifiable ?** Compétences et qualifications en travail social (épuisé) > **22/ Les obstinés du social.** Pratiques d'hier et de demain ? > **23/ L'homme, la bête et le social.** Homo animalis (épuisé) > **24/ VAE : faux-semblants ou vraies qualifications ?** (épuisé) > **25/ Extension du domaine des rituels.** Sur quelques rites dans le travail social (épuisé) > **26/ L'utopie, c'est par où** (épuisé) > **27/ Sexualités inavouables.** Sexe, handicaps et travail social (épuisé) > **28/ tsiganes/gadjé.** Quelle place pour le travailleur social ? > **29/ Education à l'environnement et travail social : relations durables ? > 30/ Le travail social est-il de gauche ? > 31/ Petites discriminations ordinaires > 32/ Confessions.** Croyances en travail social > **33/ Le rire du travailleur social.** Pratiques de l'humour, humour de la pratique > **34/ Racismes ordinaires ? > 35/ Vieillir vieux, vieillir mieux ?** Réenchantement et créativité > **36/ Malaise dans la relation**. Des sentiments dans le travail social > **37/ Cause toujours...** De la parole dans le travail social

HORS-SERIE le sociographe

0/ Le travail social par l'éducation (actes Colloque, 345 p., 2004) > **1/ Approches du trouble du comportement** (412 p., 2005) > **2/ Quelles formations pour faire face aux enjeux sociaux actuels ?** (actes Congrès, CD-Rom, 2007) > **3/ Avec Jacques Ardoino : temps, éducation et formation** (196 p., 2008) > **4/ Morts sociales** (212 p., 2011)

le sociographe congrès & colloques

1/ Les innovations pédagogiques dans les instituts de formations des travailleurs sociaux (Biennale 2006 du GNI, 112 p., 2007) > **2/ Cités difficiles... à comprendre** (Journée d'étude Buc Ressources/CNEF, 88 p., 2009)

Prochain numéro : 38/ Du sport dans le travail social

Tous les résumés des articles et le téléchargement gratuit des numéros épuisés sur **www.lesociographe.org**